高等学校计算机专业系列教材

数据结构

抽象建模、实现与应用

孙涵 黄元元 高航 秦小麟 编著

Data Structures

Abstract Modeling、
Implementation and Application

U0218644

机械工业出版社
China Machine Press

图书在版编目（CIP）数据

数据结构：抽象建模、实现与应用 / 孙涵，黄元元，高航，秦小麟编著 . —北京：机械工业出版社，2020.2（2022.8 重印）

（高等学校计算机专业系列教材）

ISBN 978-7-111-64820-8

I. 数⋯　II. ①孙⋯　②黄⋯　③高⋯　④秦⋯　III. 数据结构 – 高等学校 – 教材　IV. TP311.12

中国版本图书馆 CIP 数据核字（2020）第 030576 号

　　本书以理解和实现物理世界里各种联系在信息世界中的逻辑表示以及在计算机中实现数据结构的存储和操作为主线，介绍数据结构的相关知识。主要内容包括数据结构的概念、算法和算法设计的概念，线性表、栈和队列、数组、广义表和字符串、树和二叉树、图、查找、排序等典型数据结构及应用。本书内容凝炼、深入浅出，适合作为高校理工科及相关专业数据结构课程的教材。

出版发行：机械工业出版社（北京市西城区百万庄大街 22 号　邮政编码：100037）

责任编辑：孙榕舒　　　　　　　　　　　　　责任校对：殷　虹

印　　刷：北京捷迅佳彩印刷有限公司　　　　版　　次：2022 年 8 月第 1 版第 2 次印刷

开　　本：185mm×260mm　1/16　　　　　　印　　张：11.75

书　　号：ISBN 978-7-111-64820-8　　　　　定　　价：49.00 元

客服电话：（010）88361066　88379833　68326294　　　投稿热线：（010）88379604

华章网站：www.hzbook.com　　　　　　　　　　　读者信箱：hzjsj@hzbook.com

前　言

"数据结构"是计算机类专业的基础课程，也是相关理工类专业的热门选修课程。本书是为该课程编写的教材，适合计算机类专业和相关理工类专业的本科生学习。

本书主要介绍如何合理地组织数据、有效地存储和处理数据、正确地设计算法以及对算法的复杂度进行分析和评价。通过深入理解各种基本数据结构的逻辑关系、物理存储和基本操作，初步建立数据结构设计、实现和运用的概念。同时，结合各种典型案例，讨论不同数据结构的特点、适用范围以及基本算法复杂度的分析方法，为后续的专业课程学习提供必要的基础知识。

本书的学习目标如下。

目标 1：掌握线性表、栈和队列、数组和广义表、树和二叉树、图等各种基本数据结构的逻辑表达、物理存储和基本操作；掌握查找、排序的经典算法。

目标 2：能够针对具体应用问题，根据问题的约束条件分析各种可选方案在数据存储、算法效率上的利弊，并选择恰当的数据结构、存储表示和与之对应的操作方法。

目标 3：能够结合具体应用场景，合理选择和改进经典的数据结构，使之针对具体应用能够有效地存储和处理数据，能够在此基础上正确地设计算法，并对算法进行有效的分析和评价。

本书共分为 8 章。第 1 章主要介绍数据结构相关的概念及术语，以及算法的定义、特性和算法设计的目标。第 2～4 章主要讨论各种基本结构的抽象数据类型、顺序和链式表示与实现，以及相关的应用。第 5 章和第 6 章在讨论树和图的抽象数据类型、顺序和链式表示与实现的基础上，重点讨论树和图的遍历方法以及基于此的典型应用。第 7 章和第 8 章分别讨论查找和排序的经典算法与改进策略。

对于广大读者来说，学习数据结构课程的关键是把握三条主线。

第一条主线是**如何理解和实现物理世界中的各种联系在信息世界中的逻辑表示**。物理世界中的万般联系都是形象而具体的，需要通过抽象建模抓住这些联系的本质，即线性、树形或者图状结构，从而将其转换为信息世界中的逻辑表示。例如：生活中的各种排队可以抽象成线性结构中的队列，家族谱可以映射为树形结构，专业课程的先修 / 后修关系可以构成有向的图结构。**抽象建模与表示**能力是工科类专业学生必须具备的基本能力。不论是不是计算机类专业的学生，在学习这门课程时，都必须牢牢把握这条主线。

第二条主线是**如何在计算机中实现数据结构的存储和操作**。存储的方式主要分为顺序存储和链式存储两大类。基本操作一般包括初始化及销毁操作、访问型操作和加工型操作三大类。这三类操作在两种不同存储模式下的算法的效率是有差异的，需要进行比较分析，总结各自的优势和不足，从而针对具体的现实问题，选择恰当的存储方式来保证操作执行的效率。**在比较分析基础上得到有效结论**是这条主线中的能力训练要求。

第三条主线是**如何进行算法设计与优化**。本书中的查找和排序部分将展示算法设计与优化的思路。例如，排序算法如何从时间复杂度 $O(n^2)$ 的经典算法开始，通过对恰当结构的引入将算法时间复杂度降到 $O(nlogn)$；查找算法如何从时间复杂度 $O(n)$ 的穷举算法开始，通过对数据的排序约束和树形结构的引入，将时间复杂度降到 $O(logn)$，甚至在一些特殊规则的约束下能够接近 $O(1)$。我们不仅要掌握经典算法本身，更要关注算法优化的策略和方向，以便在解决实际问题时能够设计出高效的算法。**运用所学知识解决实际问题，并对解决方案持续优化**也是课程学习所追求的目标。

最后，从不同学习者的角度来讨论一下如何学习本门课程。

对于计算机类专业的学生，本书所涉及的内容均需掌握。在此基础上，学生需要大量的训练，以具备抽象建模能力，能够就实际问题选择或设计恰当的数据结构。此外，在编程实现过程中，能够基于问题的约束，在比较、分析的基础上选择恰当的存储方式和算法的实现方式，能够对算法的时间和空间复杂度进行合理的分析，能够对算法的改进和优化有恰当的思路，从而为实际问题提供高效的解决方案。

对于其他理工类专业的学生，希望通过本门课程的学习达成两点目标：一是具备抽象建模能力，能够对物理世界中的问题描述进行抽象建模，从而在信息世界里进行合理表达；二是具备算法选择能力，能够根据输入数据的表现形式、数据结构的存储方式和基于此的算法效率特征，选择相应的数据结构和算法来高效地解决实际问题。

本书在构思和准备过程中参考了国内外相关的数据结构教材，特别是严蔚敏、殷人昆、陈越、邓俊辉等老师编写的教材，这些经典教材的内容、写法给了作者很多启发。在本书的编写过程中，南京航空航天大学的秦小麟老师给予了很多指导意见。在此一并向这些老师表示感谢。本书第 1～3 章由孙涵编写，第 4 章和第 8 章由高航老师编写，第 5～7 章由黄元元老师编写，全书由孙涵负责统稿和审定。许建秋老师参与了第二次印刷的修订工作。

尽管本书是作者多年教学经验的总结，但限于作者的学识，书中难免有疏漏与不足之处，敬请各位同行与读者批评指正，以利于我们不断提升教学水平、丰富课程内容。

孙涵

南京航空航天大学计算机科学与技术学院

初稿于 2019 年 12 月

修订于 2022 年 4 月

目　录

第1章 概　　论

1.1　引言

大千世界纷繁复杂，瞬息万变。

以日常生活中的城市交通为例，一座大城市中有数百万辆不同种类、不同品牌、不同年代的机动车，这些车辆日日夜夜在大街小巷中穿梭。交通管理部门需要记录每辆车的具体信息，包括车牌号码、车辆类型、品牌型号、所有权人、注册日期等基本属性；同时，交通管理部门还要关注各个时段、各个路段的拥堵情况，并根据拥堵情况来规划和调整道路行驶策略，以缓解城市道路拥堵状况。每位驾驶员则关心如何选择行驶路线从而更快到达目的地。

对于民用航空来说也是如此。一个大型航空公司拥有数百架不同年代、不同机型的飞机，每个机场也有各自的跑道、停机位等相关信息。在空管部门的协调下，每天有成千上万架飞机在各地机场间来回穿梭，再考虑气象等影响因素，航班规划也是一件异常复杂的事情。

再举一个大家生活中更为熟悉的例子。朋友圈记录了每位朋友的基本信息，包括姓名、性别、出生日期、联系方式、与自己的关系等基本属性，更值得关注的是朋友圈中朋友的状态变化和朋友圈的动态发展。朋友们会在不同的时间、地点发布风格各异的消息。有时，朋友们也会同时发布共同关注的事情，形成"刷屏"的盛况。

如此复杂而又奇妙的世界是如何在计算机中表示的呢？人们又是如何通过计算机强大的计算功能来优化和改造现实世界的呢？这就是本书将要探讨的两大问题。请带着这两大问题开启数据结构的学习之旅吧。

1.2　数据结构相关概念及术语

为了把纷繁复杂的大千世界"装入"信息世界中，还要让信息世界与物理世界同步共舞。这离不开数据结构。为了便于后续学习，本节将先讨论与数据结构相关的几个基本术语。

1. 数据

数据（data）是指描述物理世界的数值、字符、图形图像、语音等所有能输入到计算机中并被计算机处理的符号集合。也可以说，物理世界是以数据的形式映射到信息世界中的。

数据可分为两类：一类是**数值型数据**，包括整数、浮点数、复数等，例如物理世界中的温度、湿度、长度等具体数量值在计算机中的表示；另一类是**非数值型数据**，包括字符和字符串、图形图像、语音等，例如多姿多彩的自然美景通过数字摄像机的光电变换、采样、压缩编码等一系列操作，最终以二进制流的形式存储在计算机中，并可通过解码等操作在显示器上重现。

2. 数据元素和数据项

数据元素（data element）是数据的基本单位，也是计算机处理或访问的基本单位，相当于物质的"分子"。例如，学生成绩登记表由许多学生成绩记录组成，其中每条成绩记录则是构成登记表的数据元素。

数据元素可以是单个元素，也可以由许多数据项组成。**数据项**（data item）是数据的最小单位，相当于"原子"。例如，每个学生成绩记录中可以包括姓名、课程名、成绩等数据项。

3. 数据对象

数据对象（data object）是性质相同的数据元素的集合，是数据的一个子集。例如，所有整数构成了整数数据对象，26 个英文字母的集合构成了英文字符数据对象。

4. 数据结构

通过引言部分的三个例子可以发现，每个数据元素并不是孤立存在的，它们之间存在着某种形式的联系，一般称之为**结构**。例如，朋友圈中朋友之间的联系形成了一张网，就是典型的图状结构。

因此，**数据结构**（data structure）可以看成是由与特定问题相关的某一数据元素的集合和该集合中数据元素之间的关系构成的。值得注意的是，数据元素集合和数据元素之间的关系描述是静态的，而我们的世界是动态变化的，因此还需要在静态描述之上定义一组有意义的操作集合，从而可以让信息世界与物理世界同步共舞，并进一步实现对物理世界的优化和改造。

另外，数据结构还有两个相关的概念：一是数据结构的逻辑表示，二是数据结构的物理存储表示。

数据结构的**逻辑表示**是对物理世界的抽象和建模，也是物理世界"装入"信息世界的第一步。例如物理世界中的人被抽象成图状结构中的一个顶点，人与人之间的关系被描述成顶点之间的边，在信息世界中的各种操作都围绕顶点和边这类抽象的逻辑表示来进行。可见，数据结构的逻辑表示是联系物理世界和信息世界的桥梁。数据的逻辑结构可归纳为以下四类：线性结构、树形结构、图状结构和集合结构，如图 1.1 所示。

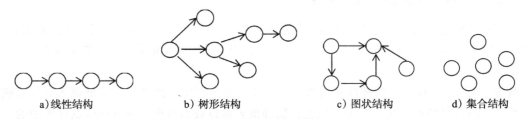

a）线性结构   b）树形结构   c）图状结构   d）集合结构

图 1.1   四类数据逻辑结构

数据结构的**物理存储表示**则是其在计算机中的具体实现方式，包括数据元素的物理存储表示和数据元素之间关系的物理存储表示。数据元素之间关系的存储表示一般又分为两种表现形式，即顺序存储和链式存储。不同的物理存储方式将直接影响算法执行的效率。

5. 数据类型

数据类型（data type）是一个同类数据值的集合和定义在这个值集合上的一组操作的总称。例如，计算机中的整数类型由范围为 $-2^{15} \sim 2^{15}-1$ 的整数构成，并包括对这些整数的加、减、乘、除和取模等操作。

数据类型可分为基本数据类型和结构数据类型。基本数据类型中，每个数据元素都是无法再分割的整体，如整数、浮点数、字符、指针、枚举量等，又称为原子类型。结构数据类型由基本数据类型或子结构类型按照一定的规则构造而成。例如，一个学生的基本情况是一个结构数据类型，除了包括姓名、性别、年龄等基本类型外，还包括如家庭成员等子结构类型。

6. 抽象数据类型

抽象数据类型（Abstract Data Type, ADT）通常是指由用户定义、用以表示应用问题的数据模型以及定义在该模型上的一组操作，又称为数据抽象。构成抽象数据类型的两个要素为数据的结构和相应的操作集合。

抽象数据类型最重要的是其抽象性质，该性质把使用和实现分离，并实行封装和信息隐藏。换句话说，抽象数据类型有两个视图：外部视图和内部视图。外部视图包括抽象数据类型名称、数据对象的简要说明和一组可供用户使用的操作。内部视图包括数据对象的存储结构定义和基于这种存储表示的各种操作的实现细节。

抽象数据类型是概念层次的模型，它的实现就是面向对象程序设计中的"类"。可见，类和对象是抽象数据类型的实现层次的表示。

1.3 抽象数据类型的表示与实现

抽象数据类型可以用以下三元组表示：

$$(D, S, P) \tag{1.1}$$

其中，D 是数据对象，S 是 D 上的关系集，P 是对 D 的基本操作集。本书采用以下格式定义抽象数据类型：

```
ADT 抽象数据类型名
{
    数据对象: <数据对象的定义>
    数据关系: <数据关系的定义>
    基本操作: <基本操作的定义>
} // ADT 抽象数据类型名
```

其中，数据对象和数据关系的定义用伪代码描述，基本操作的定义格式如下：

```
基本操作名（参数表）
    初始条件: <初始条件描述>
    操作结果: <操作结果描述>
```

基本操作有两类参数：输入参数和输出参数。在程序设计时，可由赋值参数和引用参数的形式来实现。初始条件描述了执行操作之前数据结构和参数应满足的条件，若不满足，则操作失败，并返回相应出错信息。操作结果说明了操作正常完成之后数据结构的变化状况和应返回的结果。

例 1.1   抽象数据类型复数 $z = \alpha + i\beta$ 的定义

```
ADT ComplexNumber
{
        数据对象: D = {α,β | α,β ∈ ElemSet}
        数据关系: R = {<α,β>}
        基本操作:
            //1. 初始化和销毁操作
            InitComplex( &Z, a, b)
                操作结果: 构造了复数 Z, 元素实部 α 和虚部 β 分别被赋以参数 a 和 b 的值
            DestroyComplex( &Z )
                操作结果: 复数 Z 被销毁
            //2. 访问型操作
            GetComplex( Z, &a, &b )
                初始条件: 复数 Z 已存在
                操作结果: 将实部 α 和虚部 β 分别赋给参数 a 和 b
            PrintComplex( Z )
                初始条件: 复数 Z 已存在
                操作结果: 将复数 Z 打印输出
            //3. 加工型操作
            PutReal( &Z, a )
                初始条件: 复数 Z 已存在
                操作结果: 将复数实部 α 值用参数 a 值替代
            PutImaginary( &Z, b )
                初始条件: 复数 Z 已存在
                操作结果: 将复数虚部 β 值用参数 b 值替代
            AddComplex( &Z, a, b )
                初始条件: 复数 Z 已存在
                操作结果: 将复数 Z 实部 α 增加值 a, 虚部 β 增加值 b
            SubComplex( &Z, a, b )
                初始条件: 复数 Z 已存在
                操作结果: 将复数 Z 实部 α 减去值 a, 虚部 β 减去值 b
} // ADT ComplexNumber
```

从例 1.1 可以看出，在定义一个抽象数据类型时，应首先定义数据对象及其取值的范围，然后定义针对具体应用的数据元素之间的关系，最后给出数据元素关系之上的基本操作集合。基本操作集合一般包括三类操作：一是**初始化和销毁操作**，二是对数据元素进行查询的**访问型操作**，三是对数据元素进行修改的**加工型操作**。

另外，从例 1.1 也可以看出，抽象数据类型的定义作为外部视图对用户而言已满足要求，但对编程实现而言，还缺少物理存储结构定义和操作细节的描述。

本书约定，文中涉及的代码实现均用类 C/C++ 的伪代码进行表示，以便突出重点。

例 1.2   抽象数据类型复数 $z = \alpha + i\beta$ 的表示和实现

```
// 采用静态顺序存储结构定义复数的结构体
typedef  double  ElemType ;              // 本次用例中元素类型为实数
```

```
typedef struct
{
    ElemType real;                      // 复数的实部 α
    ElemType imaginary;                 // 复数的虚部 β
} ComplexNumber;
```

```
// 基本操作的实现
typedef    int    Status ;              // 函数返回值类型，一般定义为整型
#define    OK         1                 // 正常返回
#define    ERROR      0                 // 错误返回
#define    OVERFLOW  -1                 // 存储空间溢出错误
//1. 初始化操作
Status InitComplex( ComplexNumber  &Z, ElemType a, ElemType b )
{
    // 构造复数 Z，元素实部 α 和虚部 β 分别被赋以参数 a 和 b 的值
    Z.real       = a;
    Z.imaginary = b;
    return OK;
}
//2. 销毁操作
Status DestroyComplex( ComplexNumber  &Z )
{
    // 销毁复数 Z。注：静态存储方式下销毁操作无实际意义，动态存储方式下应释放相应存储空间
    Z.real       = 0;
    Z.imaginary = 0;
    return OK;
}
//3. 取复数的实部和虚部
Status GetComplex( ComplexNumber  Z, ElemType &a, ElemType &b )
{
    // 将实部 α 和虚部 β 分别赋给参数 a 和 b
    a = Z.real;
    b = Z.imaginary;
    return OK;
}
//4. 打印复数
Status PrintComplex( ComplexNumber  Z)
{
    // 将复数 Z 按照指定格式打印输出
    cout<< Z.real<<"+"<< Z.imaginary<<"i"<<endl;
    return OK;
}
//5. 修改复数的实部
Status PutReal( ComplexNumber  &Z, ElemType a )
{
    // 将复数实部 α 值用参数 a 值替代
    Z.real = a;
    return OK;
}
//6. 修改复数的虚部
```

```
Status PutImaginary( ComplexNumber  &Z, ElemType b )
{
    // 将复数虚部 β 值用参数 b 值替代
    Z.imaginary = b;
    return OK;
}
//7. 复数的加运算
Status AddComplex( ComplexNumber  &Z, ElemType a, ElemType b )
{
    // 将复数 Z 实部 α 增加值 a，虚部 β 增加值 b
    Z.real       += a;
    Z.imaginary += b;
    return OK;
}
//8. 复数的减运算
Status SubComplex( ComplexNumber  &Z, ElemType a, ElemType b )
{
    // 将复数 Z 实部 α 减去值 a，虚部 β 减去值 b
    Z.real       -= a;
    Z.imaginary -= b;
    return OK;
}
```

例 1.2 给出了例 1.1 中的抽象数据类型的详细表示与实现。基于此进行编程实现就非常容易了。说明一下，在本书中，函数中涉及的数据返回均通过引用型参数实现，函数本身的返回值 Status 用于判断函数执行状态，即正常返回 OK，错误返回相应的错误代码。

1.4 算法与算法分析

1.4.1 算法

图灵奖获得者 Niklaus Wirth（如图 1.2 所示）有一句在计算机领域人尽皆知的名言："算法＋数据结构＝程序"。这个公式对计算机科学的影响程度足以与爱因斯坦的 $E = mc^2$ 对物理学的影响程度相当——用一个公式展示了程序的本质。

计算机程序设计基本上分为两个方面：一是数据的组织，也称为数据结构；二是求解问题的策略，即算法。数据结构和算法是密切相关、不可分离的。一种数据结构的优劣是由实现其各种操作的算法体现的，对数据结构的分析实质上是对实现其各种操作的算法的分析。

算法（algorithm）是对特定问题求解步骤的一种描述，它是指令的有限序列，其中每一条指令表示一个或多个操作。算法独立于具体的计算机语言，一般用伪代码、流程

图 1.2   Niklaus Wirth

图等方式表示。

一个算法具有以下 5 个重要特性：

（1）**有穷性**。一个算法必须总是在执行有穷步之后结束，且每一步都可在有穷时间内完成。例如，循环的次数是有限的，不能陷入无限循环。递归的执行需要有终止条件，不能无穷递归下去。

（2）**确定性**。算法中每条指令必须有确切的含义。在任何条件下，算法只有唯一的一条执行路径，即对相同的输入只能得出相同的输出。

（3）**可行性**。一个算法是可行的，即算法中描述的操作都是可以通过已经实现的基本运算执行有限次来实现的。

（4）**输入**。一个算法有零个、一个或多个输入，这些输入取自某个特定的对象的集合。在实际问题中，有些输入是通过人机交互得到的。

（5）**输出**。一个算法有一个或多个输出，这些输出是与输入有着某些特定关系的量。

同一问题可由不同的算法实现。例如在一个有序的序列中进行关键字查找，既可以用穷举法（从第一个元素开始，依次向后查找），也可以用二分法（每次和中间的关键字进行比较并舍去一半的查找空间）。可见，算法设计是一个值得关注的事情。

通常，算法设计应考虑以下目标：

（1）**正确性**。算法应当满足具体问题的明确需求。对于正确的要求，有 4 个层次：
1）程序不含语法错误，能正常运行；2）程序对于常规的输入数据能够得到满足规格说明要求的结果；3）程序对精心选择的、苛刻的数据输入能够得到满足要求的结果，特别是边界条件约束下的正确反馈；4）程序对于一切合法的输入数据都能得到满足规格说明要求的结果。对于一个复杂的工程问题，算法的正确性判断不是一件容易的事情，因此有专门的软件测试研究方向。本书对算法的正确性要求是达到层次 3 即可。

（2）**可读性**。算法描述和程序实现要便于人的阅读和交流。良好的可读性有助于人对算法的理解。特别是在大型软件开发过程中，对于算法和程序的可读性和规范性应有明确要求，以便于软件开发和软件维护的团队合作。

（3）**健壮性**。当输入数据非法时，算法也能适当做出反应或进行处理，而不会产生莫名其妙的输出结果。对于出错的处理方法是返回一个表示错误或错误性质的值以便在更高的抽象层次中处理，而不是打印错误信息并直接中止程序执行。

（4）**低执行时间与低存储量需求**。 对于具体应用，算法应追求低执行时间与低存储量的目标。在问题规模较小时，穷举法和二分法在执行时间上差别不大，但随着问题规模的扩大，两者的差距将会非常明显，下一小节将具体讨论这一问题。 作为计算机软件开发者，高效率的算法设计与实现是我们追求的目标，切忌因为算法设计时的"偷懒"而让计算机白白耗费运行时间、浪费计算资源。另外，执行时间和存储量往往难以同时取得最优，我们在算法设计时经常会"以空间换时间"，即牺牲一定的存储空间来换取执行时间的大幅减少。

1.4.2　算法分析与度量

衡量算法优劣的主要指标有以下两个:

(1) **空间复杂度** (space complexity) $S(n)$, 即根据算法写成的程序在执行时占用存储单位的大小。一个程序除了需要存储空间来寄存其所用指令、常数、变量和输入数据外, 也需要一些对数据进行操作的工作单元及存储一些实现计算所需信息的辅助空间。若输入数据所占空间只取决于问题本身而与算法无关, 则只需要分析除输入数据和程序之外的额外空间, 否则应同时考虑输入数据所需空间。若额外空间相对于输入数据量来说是常数, 则称此算法为**原地工作**。如果所占空间依赖于特定的输入, 则应按最坏情况来分析。

(2) **时间复杂度** (time complexity) $T(n)$, 即根据算法写成的程序在执行时耗费时间的长短。时间复杂度主要与以下因素有关:算法的策略、问题的规模 n、实现算法的编程语言、编译程序所产生的机器代码质量和机器执行指令的速度。算法的策略是决定时间复杂度最为关键的因素, 例如前面提及的穷举法和二分法。不同的算法策略会导致程序执行时间的显著差异。在算法设计时, 要充分考虑问题的规模 n, 时间复杂度是问题规模 n 的函数, 另外三个因素则主要在算法实现时针对具体问题综合考虑。

如何观察和计算算法的时间复杂度呢?

为估算算法的时间复杂度, 需要统计算法中所有语句的执行频度。例 1.3 给出了两个 n 阶方阵乘积 $C = A \times B$ 的算法及其语句执行频度的统计。

例 1.3　方阵乘法算法中语句执行频度统计

程序语句	语句执行次数

`void MatrixMultiply( int A[ ][ ], int B[ ][ ] , int C[ ][ ], int n )`
`{`
　`int i, j, k;`
　`for ( i=0; i<n; i++)`
　`{　 for ( j=0; j<n; j++ )`
　　`{`
　　　`C[i][j]=0;`
　　　`for ( k=0; k<n; k++ )`
　　　　`C[i][j] += A[i][k] * B[k][j];`
　　`}`
　`}`
`}`
	
	$n+1$
	$n(n+1)$
	
	n^2
	$n^2(n+1)$
	n^3

总计	$2n^3+3n^2+2n+1$

由例 1.3 可见, 执行频度最高的语句处于最深层循环内, 也被称为问题的基本操作的原操作, 它的重复执行次数和算法的执行时间成正比。

但对于一个大规模的系统而言, 这样做涉及很多细节, 再加上算法描述中出现分支的情况, 给出一个精确描述往往是困难的。为此, 退而求其次, 我们设法估计算法复杂度的量级。对于算法的时间复杂度, 最重要的是其量级和趋势, 这些是代价的主要部分, 而代价函数的常量因子可以忽略不计。例如，可以认为 $3n^2$ 和 $100n^2$ 属于同一量级，如果两个算法处理同样规模实例的代价分别为这两个函数，就认为它们的代价"差不多"。基于这些考虑，人们提出了描述算法性质的"大 O 记法"。

定义 1.1　大 O 记法　对于单调的整数函数 f，如果存在一个整数函数 g 和实常数 $c>0$，使得对于足够大的 n，总有 $f(n) \leqslant cg(n)$，就说函数 g 是 f 的一个渐近函数（忽略常量因子），记为 $f(n)=O(g(n))$。可见，$f(n)=O(g(n))$ 说明在趋向无穷的极限意义下，函数 f 的增长速度受到函数 g 的约束。

将上述描述方式应用于算法的复杂度度量。假设存在函数 g，使得算法 A 处理规模为 n 的问题实例所用的时间 $T(n)=O(g(n))$，则称 $O(g(n))$ 为算法 A 的渐近时间复杂度，简称时间复杂度。例 1.3 的时间复杂度可表示为 $O(n^3)$。算法的空间复杂度 $S(n)$ 亦可类似定义。

在本书的后续讨论中，常见的时间复杂度有以下几种说法：$O(1)$ 称为常量复杂度，$O(\log n)$ 称为对数复杂度，$O(n)$ 称为线性复杂度，$O(n^2)$ 称为平方复杂度，$O(2^n)$ 称为指数复杂度，等等。这些时间复杂度随问题规模 n 的变化趋势如图 1.3 所示。

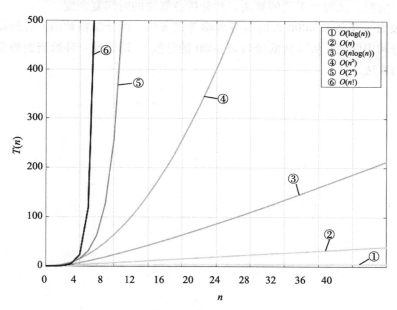

图 1.3　常见复杂度函数的增长情况对比

另外，根据数据的不同表现形式，算法的时间复杂度还可分为平均时间复杂度、最好情况下的时间复杂度和最坏情况下的时间复杂度。以冒泡排序算法为例：如果初始输入数据的排列情况概率相等，则冒泡排序算法的平均时间复杂度 $T_{avg}(n)=O(n^2)$；如果输入数据是正序有序的，则冒泡排序算法会出现最好情况，即时间复杂度降为 $O(n)$；如果输入数据是逆序有序的，则冒泡排序会出现最坏情况，即时间复杂度也为 $O(n^2)$。根据工程经验，我们估算的算法时间复杂度一般是最坏情况下的时间复杂度。

1.5 小结

本章作为数据结构课程的概论，讨论了数据结构相关的概念及术语，阐述了抽象数据类型的表示与实现；给出了算法的定义及特性、算法设计的目标、算法的空间复杂度和时间复杂度，详细讨论了算法时间复杂度的计算方法。

1.6 练习

1. 计算下列程序片段中 **x=x+i** 的执行频度。

```
for ( i=0; i<n; i++ )
    for ( j=0; j<i; j++ )
        x = x+i;
```

2. 当 n 足够大时，对下列时间复杂度的增长趋势进行从小到大排序：
$$2^n, n^2, \sqrt{n}, n!, n, n\log n, \log n, n^{\log n}$$

3. 有一个顺序存储的整型数组，要从 n 个元素中查找特定元素 k。针对数组中数据为无序和有序两种情况，试写出不同的算法，并分析各算法的时间复杂度。

4. 要统计全校大一年级共 4000 人的高等数学考试成绩（百分制整数值）的最高分、最低分、平均分和中间值（从高到低排名第 2000 的分数），请设计一种恰当的数据结构，并实现高效的算法。

第2章 线 性 表

2.1 引言

日常生活中，在银行办理业务时需要排队，做游戏时常会围坐成一圈击鼓传花，新生入学时需要在长长的表格中核对信息……这些表象的背后都是什么呢？它们都与逻辑表示中的线性结构相关。

线性结构的特点是，在数据元素的非空有限集合中：

（1）存在唯一一个被称为"第一个"的数据元素；

（2）存在唯一一个被称为"最后一个"的数据元素；

（3）除第一个元素外，集合中每个元素均只有一个前驱；

（4）除最后一个元素外，集合中每个元素均只有一个后继。

简单地说，数据元素之间存在一对一的关系，即前驱或后继的关系，也就是线性关系，所以称之为线性结构。线性表是线性结构的基础，并由此衍生出栈、队列等。

2.2 线性表的抽象数据类型

线性表（linear list）是一种简单的数据结构，是由 n 个相同**特性**的数据元素组成的有限序列。

线性表的数据元素在不同的情况下有不同的含义，可以是一个整数、一个符号、一条记录等。例如，由某学生一学期共 6 门课的成绩组成的线性表为（76，88，90，67，87，85），表中数据元素为整数。再如由某班级学生的信息组成的线性表（见表 2.1）中，每个数据元素是一名学生的信息，由学生的学号、姓名、性别、出生年月、家庭地址这些**数据项**（item）构成，称为一条**记录**（record），整个线性表形成了一个**数据文件**（file）。

表 2.1 某班级学生信息表

学号	姓名	性别	出生年月	家庭住址
161910101	程 强	男	2000.9	江苏省南京市
161910102	王晓红	女	2001.4	四川省成都市
161910103	徐 平	男	2000.10	浙江省绍兴市
161910104	刘 磊	男	2001.5	湖南省长沙市
…	…	…	…	…

从上面的例子可以看出，线性表中的数据元素可以是各种各样的，但同一线性表中的元素必然具有相同的特性，相邻数据元素之间存在着一种有序关系。一般地，将线性表记为

$$L = (a_1, a_2, \cdots, a_{i-1}, a_i, a_{i+1}, \cdots, a_n) \tag{2.1}$$

则表 L 中的 a_1 称为第一个元素，无前驱；a_n 称为最后一个元素，无后继；a_{i-1} 是 a_i 的前驱，a_{i+1} 是 a_i 的后继。数据元素个数 n 为线性表 L 的 **长度**，当 $n=0$ 时，线性表称为**空表**。a_i 是线性表 L 的第 i 个元素，i 称为数据元素 a_i 在线性表 L 中的位置。

线性表是一种灵活、方便的数据结构，不仅可以对线性表的数据元素进行访问，还可以进行插入和删除。线性表的长度可随数据元素的增删而改变。

线性表的抽象数据类型定义如下：

```
ADT List
{
        数据对象：D = {aᵢ|aᵢ ∈ ElemSet, i=1, 2, …, n, n ≥ 0}
        数据关系：R = {<aᵢ₋₁,aᵢ>|aᵢ₋₁,aᵢ ∈ D, i=2, …, n}
        基本操作：
            //1. 初始化、销毁和清空操作
            InitList( &L )
                操作结果：构造一个空的线性表 L
            DestroyList( &L )
                初始条件：线性表 L 已存在
                操作结果：销毁线性表 L
            ClearList( &L )
                初始条件：线性表 L 已存在
                操作结果：将线性表 L 重置为空表
            //2. 访问型操作
            ListEmpty( L )
                初始条件：线性表 L 已存在
                操作结果：若线性表 L 为空表，则返回 TRUE，否则返回 FALSE
            ListLength( L )
                初始条件：线性表 L 已存在
                操作结果：返回线性表 L 的元素个数
            GetElem( L, i, &e )
                初始条件：线性表 L 已存在，且 1 ≤ i ≤ ListLength(L)
                操作结果：用参数 e 返回线性表 L 中第 i 个元素的值
            LocateElem( L, e )
                初始条件：线性表 L 已存在
                操作结果：返回线性表 L 中第一个与参数 e 相同的数据元素的位置。若这样的元素不存在，
则返回 0
            PriorElem( L, cur_e, &pre_e )
                初始条件：线性表 L 已存在
                操作结果：若 cur_e 是线性表 L 中的数据元素，且不是第一个元素，则用 pre_e 返回其前驱元素，
否则操作失败，pre_e 无意义
            NextElem( L, cur_e, &next_e )
                初始条件：线性表 L 已存在
                操作结果：若 cur_e 是线性表 L 中的数据元素，且不是最后一个元素，则用 next_e 返回
其后继元素，否则操作失败，next_e 无意义
            ListTraverse( L )
                初始条件：线性表 L 已存在
                操作结果：从线性表 L 第一个元素开始，依次访问并输出线性表的数据元素
        //3. 加工型操作
```

```
SetElem( &L, i, &e )
```
初始条件：线性表 L 已存在，且 $1 \leqslant i \leqslant$ **ListLength(L)**
操作结果：将线性表 L 中第 i 个元素的值用参数 e 替换，并将旧值用参数 e 返回
```
InsertElem( &L, i, e )
```
初始条件：线性表 L 已存在，且 $1 \leqslant i \leqslant$ **ListLength(L)+1**
操作结果：在线性表 L 中第 i 个位置上插入新的数据元素 e，原来第 i 个到第 n 个元素依次向后移动一个位置，线性表 L 的长度加 1
```
DeleteElem( &L, i, &e )
```
初始条件：线性表 L 已存在，且 $1 \leqslant i \leqslant$ **ListLength(L)**
操作结果：删除线性表 L 中第 i 个位置上的数据元素，并用参数 e 返回其元素值，原来第 i+1 个到第 n 个元素依次向前移动一个位置，线性表 L 的长度减 1
```
} // ADT List
```

上面的线性表抽象数据类型中定义了三类基本操作。需要注意的是**DestroyList**和 **ClearList** 的区别，**ClearList** 只是把线性表中的数据元素清空，线性表所占用的存储空间并没有释放，而 **DestroyList** 则是彻底销毁线性表，并将从系统中申请的存储空间交还给系统。这两个操作可分别对应于学生离校时清空宿舍空间和将宿舍楼拆除。另外，还要注意的是线性表中元素的位置 i 和元素值 a_i 这两者的区别，例如，元素位置相当于房间号码，元素值相当于房间中的住户。

利用上述定义的线性表抽象数据类型，可以应对一些实际问题。例 2.1 可以说明如何将现实中的问题转换到信息世界中的逻辑表示并解决。

例 2.1　旅游达人比拼　两位旅游达人小文和小明在南京偶遇，他们自然地聊起去过的城市并相互比拼。小文对小明去过但自己没去过的城市比较向往。你有什么办法帮小文尽快找出这些城市呢？

自然地，我们想到的方法就是把小文和小明分别去过的城市各列一个清单，然后在小明的清单中划掉小文也去过的城市，这样小明清单上剩下的城市就是小明去过但小文没去过的城市了。显然，这里最关键的操作就是在小明的清单里划掉小文去过的城市。

相应地，在信息世界里，可以利用线性表来表示和解决这个问题。小文去过的城市清单可用线性表 La 表示，小明去过的城市清单可用线性表 Lb 表示，那么找出小明去过但小文没去过的城市列表 Lc 就可以用集合操作 Lc=Lb−(La ∩ Lb) 表示。至此，我们就用数学的语言将现实世界中的问题在信息世界中表述清楚了。

那么具体如何实现这个操作呢？我们要结合前面给出的 List 的基本操作来实现。

首先，我们用自然语言来描述这个操作的基本步骤。

第 1 步：从 Lb 中取出一个元素（城市）bi；

第 2 步：将 bi 与 La 中的元素进行比较，如果没有相同的元素，则转到第 3 步，否则放弃该元素 bi 并转到第 1 步；

第 3 步：将 bi 添加到列表 Lc 中。

显然，从 Lb 中依次取出每个元素，执行上述操作，最终得到的就是所需要的结果 Lc。

其次，将上述的自然语言描述步骤转换成 List 的基本操作实现。

第1步: GetElem(Lb, i, bi)

第2步: pos = LocateElem(La, bi)

      if(pos == 0) 转到第3步; else 转到第1步

第3步: ListInsert(Lc, j, bi)

至此, 我们已经写出了该操作中重要的部分, 接下来就是补全这个算法的其他部分了。最终的结果如下。

算法2.1　查找小明去过但小文没去过的城市

```
1    void FindNewCity( List La, List Lb, List &Lc )
2    {    // Lc=Lb-(La ∩ Lb)
3         InitList( Lc );
4         i = 1;    j = 1;
5         Lb_Len = ListLength( Lb );
6         while ( i <= Lb_Len )
7         {
8             // 第1步: 从Lb中取出一个元素(城市)bi;
9             GetElem( Lb, i, bi );
10            // 第2步: 将bi与La中的元素进行比较, 判断是否有相同的元素
11            pos = LocateElem( La, bi );
12            // 第3步: 根据判断结果决定是否将bi添加到列表Lc中
13            if ( pos == 0 )
14            {
15                ListInsert( Lc, j, bi );
16                j++;
17            }  //end if ( pos == 0 )
18            i++;  // 依次向后取一个元素
19        } //end while
20    } //end  FindNewCity
```

可见, 将一个实际问题在计算机中进行表示和解决包含两个要点: 一是选择合适的数据结构进行表示; 二是基于该数据结构的基本操作, 设计相关算法步骤以解决问题。上例选择线性表结构进行表示, 通过一系列基本操作的组合解决了该问题。需要注意的是, 算法的设计也是从关键步骤的推导开始并逐步完善的。从上例可以看出, 问题的本质是 Lc=Lb-(La ∩ Lb) 的操作, 首先用3个步骤实现最核心的解决方法, 然后逐步完善整个算法描述。这提供了算法设计的通常思路, 算法并不是从头至尾一行一行顺序写出来的, 而是从核心步骤开始, 逐步向外扩展得到的。

我们不能止步于此, 还需要分析一下该算法的时间复杂度, 并考虑在后续具体实现时的优化策略。该算法主要由两重循环构成: 外层是由第6行确定的, 执行次数是 Lb_len; 内层是由第11行确定的, 执行次数最多是 La_len。那么这个算法总的时间复杂度将为 $O(Lb\_len \times La\_len)$, 如果两者的规模都为 n 的话, 则时间复杂度为 $O(n^2)$ 量级。那么如何优化呢? 显然问题的重点在第11行语句 LocateElem 的操作上, 即如何让查找定位的时间变短。我们可以规定每个城市有一个整数型的城市代码 CityNo, 每个线性

表中城市列表按照城市代码的升序排列。这样，就不需要在整个线性表 La 中查找，而是只需从上次查找结束的位置继续向后查找，直至找到相同城市或者后续的城市代码比待查找城市代码大，即可停止。这样，算法总的时间复杂度可降为 $O(\text{Lb\_len}+\text{La\_len})$，成为 $O(n)$ 量级。由这个优化的例子可以看出数据结构的魅力所在。

2.3　线性表的顺序表示与实现

用顺序存储方式实现的线性表称为**顺序表**（sequential list），它用一维数组作为其存储结构。

2.3.1　顺序表的定义和特点

1. 顺序表的定义

顺序表是用一组地址连续的存储空间依次存储线性表的数据元素。顺序表数据元素的地址决定了它们之间的关系，也就是说，以数据元素在计算机内物理位置的相邻来表示线性表中数据元素之间的逻辑关系。

2. 顺序表的特点

顺序表的特点如下：

（1）各个数据元素的逻辑顺序与其存放的物理顺序一致。

（2）对于顺序表中的所有元素，既可以进行顺序依次访问，也可以进行随机直接访问。

（3）顺序表用一维数组实现时，存储空间可以是静态分配的，也可以是动态分配的。

（4）顺序表所能存放的数据元素个数受数组的空间大小约束。

以 C/C++ 代码实现为例，顺序表的存储示意如图 2.1 所示。值得注意的是，在逻辑描述中，我们从 1 开始，但在 C/C++ 的数组中实现时，数组下标是从 0 开始的。

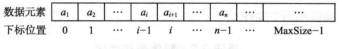

图 2.1　顺序表的存储示意图

假设顺序表的起始地址是 $\text{Loc}(a_1)$，第 i 个数据元素的存储位置为 $\text{Loc}(a_i)$，则有

$$\text{Loc}(a_i) = \text{Loc}(a_1) + (i-1) \times \text{sizeof}(\text{ElemType}) \qquad （2.2）$$

2.3.2　顺序表的存储结构

顺序表的存储表示有两种描述方式，即静态方式和动态方式。

1. 静态存储表示

静态存储描述方式如下：

```
#define MAXSIZE   256
typedef struct
{
    ElemType data[MAXSIZE];                          // 静态连续存储空间
```

```
    int    length;                                // 存储数据元素的个数
}SeqFixedList;
```

在静态存储描述方式中，顺序表的大小在声明时已经确定，一旦数据空间占满，再加入新元素时就会溢出。

2. 动态存储表示

动态存储描述方式如下：

```
#define LISTINITSIZE    256                       // 初次分配空间大小
#define LISTINCREMENT   128                       // 空间分配增量大小
typedef struct SeqList
{
    ElemType *pData;                              // 动态存储空间的基地址
    int    length;                               // 存储数据元素的个数
    int    size;                                 // 当前已分配的存储空间大小
}SeqList;
```

在动态存储描述方式中，顺序表的存储空间是在程序执行过程中通过动态存储分配语句 malloc 或 new 进行申请的，一旦数据空间占满，可以申请更大的存储空间来替换原来的存储空间，从而达到扩充存储空间的目的。由于存储空间的大小不固定，所以在结构体中增加了变量 size 来记录当前已分配的存储空间的大小。

从这两种方式可见，动态存储表示的顺序表灵活性较大，下一节顺序表主要操作的实现部分将以动态存储表示为基础进行讨论。

2.3.3 顺序表基本操作的实现与性能分析

本节将根据线性表抽象数据类型中给出的基本操作，采用顺序表的动态存储描述方式给出具体实现的伪代码。

1. 初始化、销毁和清空操作

算法 2.2　顺序表初始化

```
Status InitList( SeqList &L )
{   // 初始化顺序表
    L.pData = (ElemType *)malloc(LISTINITSIZE*sizeof(ElemType)); // 申请存储空间
    if( L.pData == NULL )  exit(OVERFLOW);        // 存储空间申请失败
    L.size = LISTINITSIZE;                        // 当前已分配的存储空间大小
    L.length = 0;                                // 存储数据元素个数为零
    return OK;
} // InitList
```

算法 2.3　顺序表销毁

```
Status DestroyList( SeqList &L )
{   // 销毁顺序表
    if( L.pData ! = NULL )
    {
```

```
        free(L.pData);
        L.pData = NULL;
    }
    L.size   = 0;
    L.length = 0;
    return OK;
} //DestroyList
```

算法 2.4　顺序表清空

```
Status ClearList( SeqList &L )
{   // 清空顺序表
    L.length = 0;
    return OK;
} //ClearList
```

从算法 2.3 和算法 2.4 的实现代码可以看出顺序表的销毁和清空操作之间的区别。销毁操作将彻底释放顺序表的存储空间；而清空操作只是将 L.length 置为 0 以表示清空数据元素，但占用的存储空间并未释放。

2. 访问型操作

顺序表访问型操作的实现较为简单，下面给出两个示例，其他操作读者可以自行实现。

算法 2.5　顺序表元素获取

```
Status GetElem( SeqList L, int i, ElemType &e )
{   // 获取顺序表第 i 个数据元素
    if( i<1 || i>L.length )          // 参数检查
        return PARA_ERROR;
    e = L.pData[i-1];                // 获得数据元素
    return OK;
} //GetElem
```

算法 2.6　顺序表元素查找

```
Status LocateElem( SeqList L, ElemType e )
{   // 查找元素 e 所在的位置
    for( i=0; i<L.length; i++)
    {
        if ( L.pData[i] == e )
            return i+1;              // 查找成功，返回元素 e 的位置
    }
    return 0;                        // 查找失败
} //LocateElem
```

在算法 2.5 和算法 2.6 中，数据元素所在的位置均从 1 开始计数，与逻辑描述保持一致，而数组中的实际物理位置从 0 开始，与 C/C++ 语言实现保持一致，所以存在减 1 和

加 1 的处理。

3. 加工型操作

在顺序表的加工型操作中，在增加和删除数据元素时需要移动顺序表内的相应元素，在移动元素时需注意移动的顺序及是否有足够的空间。具体示例见算法 2.7 和算法 2.8。

算法 2.7　顺序表元素插入

```
Status InsertElem( SeqList &L, int i, ElemType e )
{   // 在顺序表第 i 个位置上（逻辑位置）插入数据元素 e
    if( i<1 || i>L.length+1 )        // 参数检查
        return PARA_ERROR;
    if(  L.length >= L.size )        // 当前存储空间已满，需增加存储空间
    {
        newbase = ( ElemType* ) realloc( L.pData, (L.size+LISTINCREMENT)*sizeof
(ElemType) );
        if ( newbase == NULL )    exit(OVERFLOW); // 内存申请失败
        L.pData = newbase;
        L.size += LISTINCREMENT;
    }
    // 从最后一个元素开始，直到下标为 i-1（物理位置）的元素，依次向后挪一个位置
    for( j = L.length-1; j>=i-1; j-- )
        L.pData[j+1] = L.pData[j];
    L.pData[i-1] = e;                // 在数组下标为 i-1 的位置（物理位置）上插入元素 e
    L.length  += 1 ;                 // 顺序表的长度加 1
    return OK;
} //InsertElem
```

算法 2.7 主要分为三个步骤。

第 1 步是参数合法性和存储空间是否足够的检查。对空间的扩充申请使用了 realloc 函数，它将申请一块新的存储空间，然后将原有数据迁移到新空间中并释放原有空间，所以需要将新空间的首地址赋值给 pData。同时要注意，顺序表的大小 size 也将随之改变。

第 2 步是腾出位置并在数组下标为 *i*−1 的位置（物理位置）上插入新元素。数据元素移动是从最后一个元素开始依次向后移动一个位置，不能反向操作，否则会覆盖其他数据元素。图 2.2 是在顺序表第 4 个位置（逻辑位置）插入数据元素 20 的示意图。

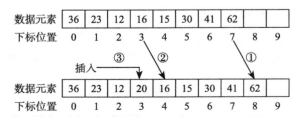

图 2.2　顺序表数据元素插入操作示意图（在顺序表第 4 个位置（逻辑位置）插入 20）

第 3 步是修改顺序表长度，即将长度值增加 1。

算法 2.8　顺序表元素删除

```
Status DeleteElem( SeqList &L, int i, ElemType &e )
{   // 将顺序表第 i 个（逻辑位置）元素删除，并用 e 返回
    if( i<1 || i>L.length )        // 参数检查
        return PARA_ERROR;
    e = L.pData[i-1];              // 将第 i 个元素存储在数组下标为 i-1 的位置上
    // 从第 i 个位置（物理位置）开始到最后一个元素，依次向前挪一个位置
    for( j=i; j<=L.length-1; j++)
    {
        L.pData[j-1] = L.pData[j];
    }
    L.length  -= 1;               // 顺序表长度减 1
    return OK;                     // 删除成功
} //DeleteElem
```

算法 2.8 与算法 2.7 类似，也分为三个步骤。读者可以根据这两段代码的对比分析得出该算法的注意点。

不难发现，插入和删除算法的时间复杂度主要受数据移动次数的影响。对于插入算法来说，最好的情况是在顺序表的表尾即第 $n+1$ 位置处插入，不需要移动数据元素，即移动 0 次；最坏的情况是在顺序表的表头第 1 位置处插入，需要将表中 n 个元素全部向后移动一次，即移动 n 次。最好情况和最坏情况的差距是较大的。再讨论一般情况，假设在顺序表的第 i 位置处插入，需要移动数据元素的次数则为 $n-i+1$，若假设顺序表中各位置插入数据元素的概率相等，则数据元素平均移动次数（Average Moving Number，AMN）为

$$\text{AMN} = \frac{1}{n+1}\sum_{i=1}^{n+1}(n-i+1) = \frac{1}{n+1}(n+\cdots+1+0) = \frac{1}{n+1}\times\frac{n(n+1)}{2} = \frac{n}{2} \tag{2.3}$$

同理，对于删除算法来说，最好的情况也是在顺序表的表尾删除，不需要移动数据元素；最坏的情况也是在顺序表的表头删除，需要将表中剩下的 $n-1$ 个元素分别向前移动一次，即移动 $n-1$ 次。对于一般情况，即在第 i 位置处删除，需要移动数据元素的次数则为 $n-i$，若假设各位置的删除概率相等，则数据元素平均移动次数为

$$\text{AMN} = \frac{1}{n}\sum_{i=1}^{n}(n-i) = \frac{1}{n}((n-1)+\cdots+1+0) = \frac{1}{n}\times\frac{n(n-1)}{2} = \frac{n-1}{2} \tag{2.4}$$

可见，对于顺序表来说，不论是插入还是删除操作，最好的情况都是在表尾进行操作，最坏的情况都是在表头进行操作。这是顺序表操作的显著特点。在下一节中，我们将把顺序表示与链式表示进行对比。

2.4　线性表的链式表示与实现

用顺序方式表示线性表的优点是存储结构简单、空间利用率高、存取速度快。但对于数据元素的动态变化（如在插入或删除元素时，平均需要移动约一半元素）来说效率较低。为解决这个问题，出现了另外一种存储方式，即链式表示。用链式表示的线性表也称

为**链表**（linked list）。链表不要求逻辑上相邻的数据元素在物理位置上也相邻，它通过指针来表示前驱、后继的关系，因此它常用于插入或删除频繁、存储空间需求不定的情况。当然，链表没有顺序表所具有的缺点，但也失去了顺序表可随机存取的优点。

2.4.1　单链表

2.4.1.1　单链表的定义和特点

线性表链式存储结构的特点是采用称为结点（node）的存储单元存储元素，结点的物理位置是任意的。为了表示数据元素之间的前驱、后继的关系，结点中包含指针项，用来指出它的前驱、后继结点的物理位置。也就是说，结点的指针项用于存放它的前驱、后继结点的存储地址，链表中所谓的链就是由指针串联起来的。

单链表（single linked list）是一种最简单的链表表示，也叫作线性链表。单链表每个结点由两个域组成：一个数据域 data 存放数据元素，一个指针域 next 存放指向该链表中下一个结点的指针（后继结点的存储地址）。单链表的结构示意如图 2.3 所示。

由图 2.3 可见，单链表的特点如下：

（1）单链表中数据元素的逻辑顺序与其物理存储顺序可能不一致，一般通过单链表的指针将各个数据元素按照线性表的逻辑顺序链接起来。

（2）单链表的长度扩展较方便。只要可用存储空间足够，就可以为新的数据元素分配结点，并通过指针修改操作将其链接到现有单链表中。

（3）对单链表的访问操作只能从头指针开始，逐个结点进行访问，不能像顺序表那样直接访问某个指定结点。

（4）当进行插入和删除操作时，只需修改相关结点的指针域即可，不需要移动其他元素的存储位置。

（5）由于单链表的每个结点都带有指针域，因此其对存储空间的消耗要比顺序表多。

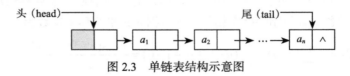

图 2.3　单链表结构示意图

2.4.1.2　单链表的存储结构

单链表结点的存储结构定义如下：

```
typedef struct LNode
{
    ElemType      data;          // 数据域
    struct LNode  *next;         // 指针域
} LNode, *LinkList;
```

为了操作方便，经常会同时记录单链表的头结点指针位置、当前指针位置、尾结点指针位置和单链表的长度等信息，可采用如下结构体记录：

```
typedef struct SListInfo
{
        LinkList            head;              // 表头结点指针
        LinkList            tail;              // 表尾结点指针
        LNode               *pCurNode;         // 当前结点指针位置
        int                 length;            // 单链表的长度（元素个数）
} SListInfo;
```

　　记录尾结点指针和当前指针位置，便于在链表的表尾插入新元素结点，也便于在当前结点后插入新元素结点和删除当前结点后的元素结点。当然，由于尾结点指针和当前指针的引入，在各种操作时需要及时更新信息，避免其成为无效的"野"指针。记录并及时更新单链表长度信息，可在进行与单链表长度相关的操作时无须再遍历整个单链表以得到其长度。除了头结点指针外，这些额外信息的引入都采用了"以空间换时间"的思路，以降低与查找定位相关的操作的时间复杂度。例如在表尾插入新元素结点，就无须再从表头结点逐个遍历到表尾结点再插入新结点，而是直接在表尾结点后插入新结点并同时更新表尾结点指针。需要注意的是，一些教材没有给出尾结点指针等附加信息，阅读时请注意区分。

2.4.1.3　单链表的基本操作实现与性能分析

1. 初始化、销毁和清空操作

算法 2.9　单链表初始化

```
Status InitList( SListInfo &L )
{       // 初始化单链表
    L.head = (LNode *)malloc(sizeof(LNode));    // 申请头结点存储空间
    if( L.head == NULL )  exit(OVERFLOW);       // 存储空间申请失败
    L.head->next = NULL;                        // 头结点后无其他结点
    L.tail      = L.head;                       // 尾结点指针也指向头结点
    L.pCurNode  = L.head;                       // 当前指针也指向头结点
    L.length    = 0;                            // 单链表长度为零
    return OK;
} // InitList
```

算法 2.10　单链表销毁

```
Status DestroyList( SListInfo &L )
{       // 销毁单链表
    while ( L.head->next != NULL )                // 从头结点开始逐个释放链表中的结点
    {
        p = L.head->next;
        L.head->next = p->next;
        free(p);
    }
    free(L.head);
    L.head      = NULL;
    L.tail      = NULL;
    L.pCurNode = NULL;
    L.length    = 0;
```

```
    return OK;
} // DestroyList
```

在算法 2.10 的单链表销毁操作中，关键是从头结点处开始逐个释放链表中的结点，这样的好处是只要 *n* 次释放操作即可，如果是从表尾开始释放，那么每次要从表头走到表尾前一个结点，然后释放表尾结点，需要额外 $n(n-1)/2$ 次遍历操作。

单链表清空操作与销毁操作相似，只是最后不需要释放头结点。单链表的清空操作无法像顺序表那样只将 `length` 赋值为 0 而保留结点复用。

2. 访问型操作

在单链表访问型操作中访问第 *i* 个结点与顺序表的直接读取不同，需要从表头开始遍历。

算法 2.11　单链表数据元素获取

```
Status GetElem( SListInfo &L, int i, ElemType &e  )
{   // 获取单链表第 i 个数据元素
    if( i<1 || i>L.length )          // 参数检查
        return PARA_ERROR;
    p = L.head->next;
    j = 1;
    while( j<i )                     // 还未到达第 i 个元素，指针和计数器同步更新
    {
        p = p->next;
        j++;
    }
    e = p->data;                     // 获得数据元素
    L.pCurNode = p;                  // 单链表的当前指针指向该结点
    return OK;
} //GetElem
```

由算法 2.11 可见，在单链表的访问中，由于不存在物理存储上的位序概念，所以链表中结点的序号可以与逻辑描述保持一致。

其他访问型操作的实现较为简单，读者可以自行实现。

3. 加工型操作

在单链表的加工型操作中，在增加和删除数据元素时虽然不需要移动其他数据元素，但在将新的结点接入单链表或从单链表中取下时也需注意，特别是防止链表出现断裂，导致剩余部分由于指针的丢失而无法访问。具体示例见算法 2.12 和算法 2.13。

算法 2.12　在单链表当前结点后插入新结点

```
Status InsertElemAfterCurNode( SListInfo &L, ElemType e )
{   // 在单链表当前结点后插入新结点并存入数据元素 e
    //1. 申请新的结点 s
    s = (LNode *) malloc( sizeof(LNode) );
    if ( s == NULL ) exit(OVERFLOW); // 内存申请失败
```

```
    s.data = e;
    //2. 将结点 s 链接到 pCurNode 结点之后
    s->next          = L.pCurNode->next;
    L.pCurNode->next = s;
    //3. 根据当前结点是否为表尾结点，进行表尾结点指针更新
    if ( L.tail == L.pCurNode)
    {   // 更新表尾指针
        L.tail = s;
    }
    //4. 单链表长度加 1
    L.length += 1;
    return OK;
} //InsertElemAfterCurNode
```

在实现新结点插入的算法 2.12 中，关键操作在于算法的第 2 部分，通过两步操作将新结点 s 链接到单链表中，这两步的操作顺序如图 2.4a 所示，两者的顺序不能颠倒，否则会失去对当前结点后续链接的控制。

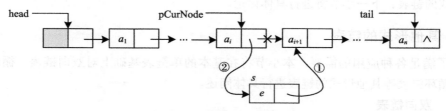

a）在 pCurNode 后插入新结点 s

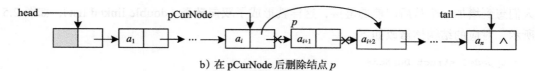

b）在 pCurNode 后删除结点 p

图 2.4　单链表插入和删除结点示意图

相应地，针对当前结点后续结点的删除算法如下。

算法 2.13　在单链表当前结点后删除后续结点

```
Status DeleteElemAfterCurNode( SListInfo &L, ElemType &e )
{   // 将单链表当前结点之后的结点删除，并用 e 返回
    if ( L.pCurNode->next == NULL ) return DELE_FAIL;
                          // 当前结点为最后结点，后续无结点可删除
    //1. 将待删除结点的数据元素赋值给 e
    e = L.pCurNode->next.data;
    //2. 删除当前结点的下一个结点
    p = L.pCurNode->next;
    L.pCurNode->next = p->next;
    free(p);
    if (L.pCurNode->next == NULL)  L.tail = L.pCurNode;
```

```
                                        // 若删除结点是尾结点则修改尾指针
    //3. 单链表长度减 1
    L.length   -= 1;
    return OK;
} //DeleteElemBeforeCurNode
```

同样要注意算法 2.13 第 2 部分的操作，在删除结点前首先要用一个指针变量指向待删结点，然后将链表重新链接，最后在内存里释放待删结点，见图 2.4b。

另外，如果没有当前指针和表尾指针等辅助信息，则结点插入和删除操作的时间复杂度会增加，这是因为每次都需要从表头开始，按顺序走到待插入或删除的位置。最坏的情况是每次在表尾插入或删除，都要将链表遍历一遍；最好的情况是每次在表头插入或删除，无须遍历链表。这与顺序表的情况刚好相反。

还有一个值得注意的问题：即使记录了当前结点指针，由于单链表是单向链接的，所以在当前结点之前进行结点的插入和删除依然很麻烦，需要再增加一个指针从表头开始遍历并停在当前结点之前的结点位置，这将显著增加算法的时间复杂度。为此，人们提出了其他形式的链表，下一小节将进行具体讨论。

2.4.2　其他形式的链表

为了满足各种应用的需要，本小节将在基本的单链表基础上对双向链表、循环链表和双向循环链表等其他形式的链表进行具体阐述。

2.4.2.1　双向链表

从对单链表的算法分析可见，单链表的单向性导致了无法逆向搜索的缺点。自然地，人们想到增加一个从后向前的链接，这样就形成了**双向链表**（double linked list），如图 2.5 所示，对应的结构体修改如下。

```
typedef struct DuLNode
{
    ElemType        data;               // 数据域
    struct DuLNode  *prev;              // 指向前一个结点
    struct DuLNode  *next;              // 指向下一个结点
} DuLNode, *DuLinkList;
typedef struct DuListInfo
{
    DuLinkList      head;               // 表头结点指针
    DuLinkList      tail;               // 表尾结点指针
    DuLNode         *pCurNode;          // 当前结点指针位置
    int             length;             // 双向链表的长度（元素个数）
} DuListInfo;
```

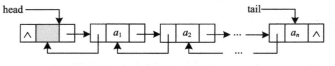

图 2.5　双向链表结构示意图

显然，双向链表的访问型操作要比单链表更为便利，既可以从前向后搜索，也可以从后向前搜索。对于当前结点之后和之前的插入或删除，时间复杂度也没有区别。由于是双链，在插入和删除结点时需要修改双向的指针，但是相对于对链表的遍历操作来说，额外增加的指针修改还是值得的。 算法 2.14 和算法 2.15 分别给出了在当前结点之前插入和删除结点的操作。

算法 2.14 在双向链表当前结点之前插入新结点

```
Status InsertElemBeforeCurNode( DuListInfo &L, ElemType e )
{    // 在双向链表当前结点之前插入新结点并存入数据元素 e
     //1. 申请新的结点 s
     s = (DuLNode *) malloc( sizeof(DuLNode) );
     if ( s == NULL ) exit(OVERFLOW);// 内存申请失败
     s.data = e;
     //2. 将结点 s 链接到 pCurNode 结点之前
     s->prev              = L.pCurNode->prev;
     L.pCurNode->prev->next = s;
     s->next              = L.pCurNode;
     L.pCurNode->prev     = s;
     //3. 双向链表长度加 1
     L.length        += 1 ;
     return OK;
} //InsertElemBeforeCurNode
```

算法 2.15 双向链表当前结点之前删除结点

```
Status DeleteElemBeforeCurNode( DuListInfo &L, ElemType &e )
{    // 将双向链表当前结点之前的结点删除，并用 e 返回
     if ( L.pCurNode->prev == L.head ) return DELE_FAIL;
                         // 当前结点为第一个结点，前面无结点可删除
     //1. 将待删除结点的数据元素赋值给 e
     e = L.pCurNode->prev.data;
     //2. 删除当前结点的前一个结点
     p = L.pCurNode->prev;
     p->prev->next = L.pCurNode;
     L.pCurNode->prev = p->prev;
     free(p);
     //3. 双向链表长度减 1
     L.length    -= 1;
     return OK;
} //DeleteElemAfterCurNode
```

在当前结点之后插入和删除结点的算法与算法 2.14 和算法 2.15 类似，读者可自行尝试。

在解决实际问题的过程中，采用单链表还是双向链表形式可根据问题需求来决定。如果更多的插入和删除操作是在当前结点之后，则采用单链表就可以了；如果要经常进行前后结点位序的变换，例如在输入法中根据词频来调整词语的顺序，则采用双向链表更加合适。

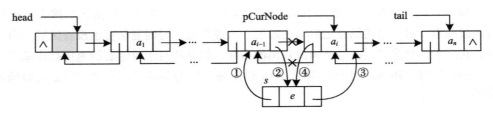

a）在 pCurNode 前插入新结点 *s*

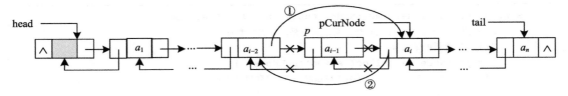

b）在 pCurNode 前删除结点 *p*

图 2.6　双向链表插入和删除结点示意图

2.4.2.2　循环链表和双向循环链表

还有一类问题我们经常也会遇到，正如本章开头提及的围坐一圈进行的击鼓传花游戏，链表中会出现到达表尾后折回表头的情形，这就是**循环链表**（circular linked list）。它的特点是表中最后一个结点的指针域指向头结点，整个链表形成一个环。 从表中任一结点出发均可找到表中其他结点，如图 2.7 所示。

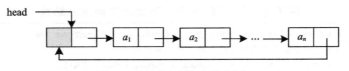

图 2.7　循环链表结构示意图

```
typedef struct CircListInfo            // 循环链表定义
{
    LinkList          head;            // 循环链表表头结点指针
    LNode             *pCurNode;       // 当前结点指针位置
    int               length;          // 循环链表的长度（元素个数）
} CircListInfo;
```

循环链表的操作与单链表基本一致，差别在于表尾结点的 next 指针不为空，而是指向表头结点。

相应地，也有双向循环链表，如图 2.8 所示，链表中存在两个环。

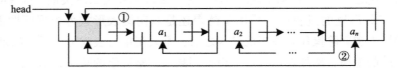

图 2.8　双向循环链表结构示意图

2.4.2.3 静态链表

如果在某些环境下无法动态申请结点空间，则可采用一维数组作为链表的存储结构，这就是**静态链表**。在静态链表中，每个数组元素包括两个数据项：一个是数据元素本身；另外一个是静态链接指针，即指向下一个数据元素的数组下标，它给出了逻辑上下一个结点在数组中的位置。对静态链表进行操作时，可不改变各元素的物理位置，只需要修改链接数组元素的链接下标值就可以改变这些元素的逻辑顺序。

静态链表的存储示意图见图 2.9。在图 2.9 中，对应的数据链从 0 号位置头结点开始，后续的数据元素依次为 23、12、16、20、41、18。另外，数组中未被使用的数组元素也构成了一个空闲空间链接，从 5 号位置开始，还包括 6 号、8 号共 3 个空闲单元。

数组下标	0	1	2	3	4	5	6	7	8	9
data		23	12	20	16			41		18
next	1	2	4	7	3	*6*	*8*	9	*0*	0

图 2.9 静态链表结构示意图

对应的静态链表结构体定义如下：

```
#define MAXSIZE  256
typedef struct node            // 静态链表的结点定义
{
    ElemType  data;            // 结点数据元素
    int       next;            // 指向下一结点的数组下标
} SLinkNode;
typedef struct
{
    SLinkeNode node[MAXSIZE];  // 静态链表的连续存储空间
    int  length;               // 存储数据元素的个数
}StaticList;
```

2.5 线性表的应用举例

众多数据结构的教材中都给出了采用单链表进行一元多项式的表示与运算的例子。该例子是单链表应用的经典案例，涉及有序单链表的生成以及两个单链表之间的结点插入、合并、删除等操作。读者可参阅相关教材学习，这里不再赘述。

本节将再通过 3 个示例来说明线性表的常用情形。

例 2.2 旅游达人比拼（单链表实现） 本章例 2.1 给出了该应用的逻辑表示层面的实现算法（算法 2.1），这里采用单链表的形式进行具体实现。针对该应用，首先对 **ElemType** 给出一个具体的定义。

```
typedef struct ElemType         // 城市数据元素定义
{
    int   cityNo;               // 城市编号
    char  cityName[48];         // 城市名称
} ElemType;
```

假设已经建立的两个单链表 La 和 Lb 已经按城市编号升序排序。创建一个新的单链表 Lc，用于记录小明去过但小文没去过的城市。

算法 2.16   采用单链表查找小明去过但小文没去过的城市

```
void FindNewCity( SListInfo La, SListInfo Lb, SListInfo &Lc )
{    //Lc=Lb-(La ∩ Lb)
    InitList( Lc );                              // 调用算法 2.9，创建新的单链表 Lc
    Lb_Len = Lb.length;
    if ( Lb_Len==0 )  return LIST_EMPTY;     // Lb 为空表，直接返回
    Lb.pCurNode = Lb.head->next;
    La.pCurNode = La.head->next;
    Lc.pCurNode = Lc.head;
    while ( Lb.pCurNode  != NULL )
    {
        // 第 1 步：从 Lb 中取出一个元素（城市）bi;
        bi = Lb.pCurNode.data;
        // 第 2 步：将 bi 与 La 中元素进行比较，判断是否有相同的元素
        while ( La.pCurNode != NULL && La.pCurNode->data.cityNo < bi.cityNo )
        {
            La.pCurNode = La.pCurNode->next;
            // La 中当前结点的城市编号小于 bi，则继续向前查找
        }
        // 第 3 步：根据判断结果决定是否将 bi 添加到列表 Lc 中
        if ( La.pCurNode != NULL && La.pCurNode->data.cityNo == bi.cityNo )
        {    // La 中当前结点城市与 bi 相同，直接跳过
            La.pCurNode = La.pCurNode->next;
        }
        else if ( La.pCurNode == NULL || La.pCurNode->data.cityNo != bi.cityNo )
        {
            InsertElemAfterCurNode( Lc, bi );   // 调用算法 2.12，将 bi 插入到 Lc 中当
前结点之后
            Lc.pCurNode = Lc.pCurNode->next;    // 当前结点指针后移一次
        }
        Lb.pCurNode = Lb.pCurNode->next;        // 依次向后取一个元素
    } //end while
} //end  FindNewCity
```

对比算法 2.16 和算法 2.1，两者的大体框架是一致的，但算法 2.16 已经结合单链表进行了具体实现。一般在解决实际问题时，首先进行逻辑表示层面的算法设计（如算法 2.1），然后再结合数据结构的具体物理实现方式对算法进行具体化和完善（如算法 2.16）。直接看算法 2.16 容易让人因为直接陷入细节而感到困惑，甚至产生畏惧心理。这也是算法设计时的思路：首先抓住核心问题，然后逐步完善算法步骤。

再讨论一下本例中的时间复杂度，其实在 2.2 节中我们已经给出了该算法的时间复杂度，即 $O(Lb\_len+La\_len)$。虽然在该算法中有 2 个 while 的嵌套，但实际执行时只遍历单链表 La 和 Lb 各一遍，这得益于单链表中城市结点已经按照城市代码进行了升序排列。

例 2.3　输入法词频调整　使用中文拼音输入法时，同一拼音下会有很多同音词，将使用频率高的词在候选框中向前调整更有利于提升用户的使用体验。

　　针对该问题，直观想法是将候选词集合组成一个线性表，同时记录每个候选词被使用的频度，根据候选词的使用频度进行结点间的顺序调整。具体地，每当选中一个词时，将其使用频度加 1 并和它前面的结点的使用频度进行比较，如果前面结点的使用频度比它的低，则将它前移，直至前面结点的使用频度与它的相等或者比它的高，同时后面结点的使用频度比它的低。显然，结点向前移动需要用到双向链表。该问题涉及 3 个操作步骤：

　　（1）在双向链表中查找待访问词的结点，找到后将其频度加 1；

　　（2）将该结点从当前位置摘下来；

　　（3）找到满足条件的位置后，将其插入双向链表的该位置中。

　　对应地，对 `ElemType` 进行如下定义，其中 `freq` 的初始值均为 0。

算法 2.17　词频调整操作算法

```
typedef struct ElemType                         // 候选词数据元素定义
{
    char    word[48];                           // 词语
    int     freq;                               // 词语频度
} ElemType;
Status Locate( DuListInfo &L, char word[ ] )
{   // 输入法词频调整
    //1. 在双向链表中查找待访问词的结点，找到后将其频度加 1
    p = L.head->next;
    while ( p != NULL && strcmp(p->data.word, word)!=0 ) p = p->next;
    if ( p == NULL) return FAILURE;             // 该词语不在双向链表中
    p->data.freq += 1;                          // 找到后将其频度增加 1
    q = p->prev;                                // q 指向待摘结点的前一个结点
    if (q->data.freq >= p->data.freq )    return OK;   // 位置无须调整，直接返回
    //2. 将该结点从当前位置摘下来
    q->next  = p->next;
    if ( p != L.tail )     p->next->prev = q;   // 待摘结点不是尾结点
    else  L.tail = q;                           // 待摘结点是尾结点
    //3. 找到满足条件的位置后，将其插入双向链表的该位置中
    while ( q != L.head && q->data.freq < p->data.freq )  q = q->prev;
                                                // q 停在 freq 大于或等于 p 的结点处
    // 将摘下来的结点 p 插在结点 q 之后
    p->next = q->next;         q->next = p;         p->prev = q;
    if ( q != L.tail )      p->next->prev = p;
    else    L.tail = p;                         // 如果 q 就是尾结点，则更新尾结点指针
    return OK;
} //end  Locate
```

　　算法 2.17 的整体流程与逻辑描述的 3 个步骤一致，但算法实现细节中增加了两部分处理：一是直接与前一结点词语的频度比较一次，如果不需要调整位置则直接返回；二是判断待摘结点是否为尾结点和待插入位置是否为尾结点，进行相应的处理以保证算法的正

确性。从逻辑描述的 3 个步骤到算法 2.17 的实现细节再到用具体编程语言实现，此过程再一次体现了算法设计与实现的思路，即首先抓住核心问题然后逐步完善算法步骤，而不是直接从编程实现入手，否则我们将会一筹莫展。

例 2.4 约瑟夫环问题 已知 n 个人（分别以编号 1，2，$\cdots$，n 表示）围坐在一张圆桌周围。从编号为 1 的人开始报数，数到 m 的人出列；他的下一个人又从 1 开始报数，数到 m 的另一个人又出列；依此规律重复下去，直到圆桌周围的人全部出列。要求给出这 n 个人的出列顺序展示。

该应用是典型的循环链表问题。每个结点依次存放值为 1，2，$\cdots$，n 的整型数据，整个出列过程可描述为下面 2 个步骤：

（1）从当前结点开始，数到第 m 个结点时，将该结点从循环链表中删除并输出对应值；

（2）重复第 1 个步骤直至所有结点都从链表中删除。

对应的算法如算法 2.18 所示。

算法 2.18 约瑟夫环问题算法

```
Status Josephus( CircListInfo &L,  int m )
{    // 约瑟夫环问题
    pre = L.head;   // 用 pre 指针指向当前结点的前一结点，以便于删除当前结点
    p   = L.head->next;
    if ( p == L.head )     return EMPTY_LIST;      // 空表直接返回
    //1. 从当前结点开始，继续向前走 m 个结点，并输出删除
    while ( L.head->next != L.head )               // 2. L 为空表，则终止
    {
        // 1. 1 向前走 m 步
        i = 1;
        while ( i<m )
        {
            pre = p;     p = p->next;    i++;       // 向前走一步
            if ( p == L.head )                      // 已折回表头，则再跳过表头结点
            {  pre = p;
               p = p->next;
               if ( p == L.head )                   // 已折回表头，则再跳过表头结点
                 pre = p;
                 p = p->next;
            }
        }
        //1.2 输出并删除当前结点
        cout<<p->data<<endl;
        pre->next = p->next;
        if ( p ==L.head)                            // 已折回表头，则再跳过表头结点
        { pre = p;
        p == p->next;
        free(p);
        p = pre->next;
```

```
    }   //end while
    return OK;
}  //end    Josephus
```

上述算法只给出了约瑟夫环的结点出列操作过程。作为完整的应用，约瑟夫环的建立过程也是必需的，读者可自行完成。另外，简单分析一下该算法的时间复杂度。其时间复杂度主要由两个 while 循环来确定：外层循环控制的是 n 个结点的输出总次数，内层循环控制的是每次走 m 步，因此该算法总的时间复杂度为 $O(n \times m)$。

上述三个例子分别对应了单链表、双向链表和循环链表的应用。在各类线性表的应用中，常涉及的操作包括结点的查找、删除和插入。还需要注意在线性表的表头、表尾边界处的操作与在普通结点处的操作的异同。

2.6 小结

本章讨论了最基本的数据结构——线性表，包括其抽象数据类型的描述、顺序表示与实现和链式表示与实现，以及相关的应用举例。

通过对本章的学习，读者首先应理解如何定义一个数据结构的逻辑表示以及基于该结构的基本操作；然后应重点掌握顺序存储和链式存储两种不同方式的具体实现，包括相同操作在两种实现方法中时间复杂度的差异分析，以及为了更好地适应应用的需要，应如何对基本数据结构进行修改和优化；最后，通过实例分析，应理解并掌握如何从应用出发选择恰当的数据结构、构造合适的解决方案，以及从逻辑层面的重点步骤描述到算法具体实现的问题解决的全过程。

为了更好地理解和掌握本章内容，大量的练习是不可或缺的。同时，本章也是后续各章学习的基础，读者需要多实践训练，以打下扎实基础。在编程练习时，应注意数据本身的排列特性和数据结构的恰当选择与改造，设计高效的算法，并追求优化空间复杂度和时间复杂度的目标。

2.7 练习

1. 画出本章内容的思维导图，分析并总结顺序存储和链式存储的优缺点。
2. 假设整数集合中有重复元素，分别给出无序和有序情况下，在使用顺序表和单链表实现时如何删除重复元素以进行集合提纯。
3. 分别采用顺序表和单链表实现两个整数纯集合的交、并、补、差运算，并考虑集合数据元素本身是无序和有序的两种情况下操作步骤及算法时间复杂度的差异。
4. 给出顺序表和单链表两种情况下线性表的逆置操作算法。所谓的逆置，就是将原来的序列 $(a_1, a_2, \cdots, a_n)$ 变成 $(a_n, a_{n-1}, \cdots, a_1)$ 的形式。
5. 给出单链表形式下两个一元多项式相加的算法，以及对一元多项式求导的算法。
6. 编程实现 2.5 节的三个例子。

第3章 栈和队列

3.1 引言

对线性表，我们可在任意位置进行插入和删除操作，但在实际应用中，很多情况下插入和删除操作是有规则限制的。例如我们在食堂排队取餐时，显然不希望有人随意插队。再如我们乘坐电梯时，最后进入电梯且靠近门口的人将最先下电梯。看来，我们可以在线性表的基础上加上一些限制规则，以更好地满足应用需求。因此栈和队列这两种数据结构就出现了。

在栈结构中，数据元素的插入和删除操作仅能在线性表的一端进行，数据元素"后进先出"；在队列中，数据元素的插入在线性表的一端，删除则在另外一端，数据元素"先进先出"。

3.2 栈的抽象数据类型

栈（stack）是仅能在表的一端进行插入和删除的线性表。允许插入和删除的一端称作**栈顶**（top），另外一端则称作**栈底**（bottom）。当栈中没有任何元素时则为空栈。

假设栈 $S=(a_1, a_2, \cdots, a_n)$，如图3.1所示，则称 a_1 为栈底元素，a_n 为栈顶元素。栈中元素按 $a_1, a_2, \cdots, a_n$ 的顺序进栈，而退栈的顺序相反：a_n 最先退出，然后 a_{n-1} 退出，a_1 最后退出。换句话说，后进者先出。因此，栈又称为**后进先出**（Last In First Out, LIFO）的线性表。

栈的抽象数据类型定义如下。

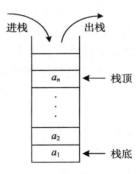

图3.1 栈的示意图

```
ADT Stack
{
        数据对象: D = {aᵢ|aᵢ ∈ ElemSet, i=1,2,…,n,n ≥ 0}
        数据关系: R = {<aᵢ₋₁,aᵢ>|aᵢ₋₁,aᵢ ∈ D,i=2,…,n} 约定 aₙ 端为栈顶，a₁ 端为栈底
        基本操作:
            //1. 初始化、销毁和清空操作
            InitStack( &S )
                操作结果: 构造一个空栈 S
            DestroyStack( &S )
                初始条件: 栈 S 已存在
                操作结果: 销毁栈 S
            ClearStack( &S )
                初始条件: 栈 S 已存在
```

　　　　　操作结果：将栈 S 重置为空栈
```
//2．访问型操作
StackEmpty( S )
```
　　　　　初始条件：栈 S 已存在
　　　　　操作结果：若栈 S 为空栈，则返回 TRUE，否则返回 FALSE
```
StackLength( S )
```
　　　　　初始条件：栈 S 已存在
　　　　　操作结果：返回栈 S 中元素个数
```
GetTop( S, &e )
```
　　　　　　　初始条件：栈 S 已存在且非空
　　　　　　　操作结果：用参数 e 返回栈 S 的栈顶元素
```
StackTraverse( S )
```
　　　　　　　初始条件：栈 S 已存在且非空
　　　　　　　操作结果：从栈底到栈顶依次访问并输出栈 S 的数据元素
```
//3．加工型操作
Push( &S, e )
```
　　　　　初始条件：栈 S 已存在
　　　　　操作结果：插入数据元素 e 作为新的栈顶元素
```
Pop( &S, &e )
```
　　　　　　　初始条件：栈 S 已存在且非空
　　　　　　　操作结果：删除栈 S 的栈顶元素，并用参数 e 返回其值
```
} // ADT Stack
```

　　在栈的抽象数据类型定义中，与线性表不同的地方在于插入和删除操作被改成栈顶位置的压栈 Push 和弹栈 Pop 操作。

　　通过压栈和弹栈的操作组合，可以形成原始序列的多种输出形式。

　　例 3.1　给出输入序列 ABC 经过压栈和弹栈的可能输出结果　可能的结果如表 3.1 所示。

表 3.1　ABC 出栈可能的序列

出栈后的序列	操作步骤
CBA	Push(S,'A'),Push(S,'B'),Push(S,'C'),Pop(S,e),Pop(S,e),Pop(S,e)
ABC	Push(S,'A'),Pop(S,e),Push(S,'B'),Pop(S,e),Push(S,'C'),Pop(S,e)
ACB	Push(S,'A'),Pop(S,e),Push(S,'B'),Push(S,'C'),Pop(S,e),Pop(S,e)
BAC	Push(S,'A'),Push(S,'B'),Pop(S,e),Pop(S,e),Push(S,'C'),Pop(S,e)
BCA	Push(S,'A'),Push(S,'B'),Pop(S,e),Push(S,'C'),Pop(S,e),Pop(S,e)

　　但出栈序列 CAB 是不可能发生的，因为第一个输出是 C 说明 A、B 均已压栈且 A 在栈底，所以 A 不可能先于 B 被弹出。

3.3　栈的顺序表示与实现

　　顺序栈（sequential stack）是栈的顺序存储表示，可用一块连续的存储单元作为其存储结构。与线性表类似，该存储空间既可以是静态分配的固定大小的一维数组，也可以是动态分配的一块连续存储空间。由于静态分配存在的栈满溢出的可能，所以这里只讨论动态分配连续空间的方式。

顺序栈的动态存储描述方式如下：

```
#define STACKINITSIZE      256          // 初次分配空间大小
#define STACKINCREMENT     128          // 空间分配增量大小
typedef struct SeqStack
{
    ElemType *pBase;                     // 动态存储空间的基地址，作为栈底
    ElemType *pTop;                      // 栈顶指针，指向真实栈顶元素的下一个位置
    int    stacksize;                    // 当前已分配的存储空间大小
}SeqStack;
```

在这里，**pBase** 既是动态分配空间的基地址也是栈底指针，始终指向栈底位置。**pTop** 为栈顶指针，这里为了操作的方便，令其指向真实栈顶元素的下一个位置。当 **pTop==pBase** 时为空栈，**pTop-pBase** 值为栈中元素的个数。具体描述如图 3.2 所示。

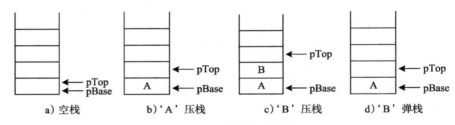

图 3.2   顺序栈示意图

下面根据栈抽象数据类型中给出的基本操作，采用顺序栈的动态存储方式给出具体实现的伪代码。

1. 初始化、销毁和清空操作

算法 3.1   顺序栈初始化

```
Status InitStack( SeqStack &S )
{ // 初始化顺序栈
    S.pBase = (ElemType *)malloc(STACKINITSIZE*sizeof(ElemType)); // 申请存储空间
    if( S.pBase == NULL )  exit(OVERFLOW);   // 存储空间申请失败
    S.pTop = S.pBase;                        // 栈顶指针同时指向栈底
    S.stacksize = STACKINITSIZE;             // 当前已分配的存储空间大小
    return OK;
} // InitStack
```

算法 3.2   顺序栈销毁

```
Status DestroyStack( SeqStack &S )
{ // 销毁顺序栈
    if( S.pBase != NULL )
    {
        free(S.pBase);
        S.pBase = NULL;
    }
```

```
        S.pTop         = NULL;
        S.stacksize    = 0;
        return OK;
    } //DestroyStack
```

算法 3.3　顺序栈清空

```
Status ClearStack( SeqStack &S )
{   // 清空顺序栈
    S.pTop = S.pBase;
    return OK;
} //ClearStack
```

从算法 3.2 和算法 3.3 的实现代码可以看出顺序栈销毁和清空操作的区别。在进行清空操作时只是将 `S.pTop` 指向 `S.pBase` 以表示清空栈中数据元素，但其占用的存储空间并未释放。

2. 访问型操作

顺序栈访问型操作的实现较为简单。下面仅给出访问栈顶元素的操作，其他操作可由读者自行实现。

算法 3.4　访问顺序栈栈顶元素

```
Status GetTop( SeqStack S, ElemType &e )
{   // 若栈不空，用参数 e 返回栈 S 的栈顶元素；否则返回 ERROR
    if ( S.pTop==S.pBase ) return ERROR;           // 空栈，无数据元素可访问
    e = *(S.pTop-1);                               // 将真实栈顶元素值赋给 e
    return OK;
} // GetTop
```

在算法 3.4 中，我们只是将栈顶数据元素赋值给 e，并观察栈顶元素值但没有将栈顶元素从栈中弹出，注意它与 Pop 操作的区别。

3. 加工型操作

顺序栈加工型操作主要包括压栈 Push 和弹栈 Pop，见算法 3.5 和算法 3.6。

算法 3.5　顺序栈压栈操作

```
Status Push( SeqStack &S, ElemType e )
{    // 插入数据元素 e 作为新的栈顶元素
    if( S.pTop-S.pBase >= S.stacksize )            // 当前存储空间已满，需增加存储空间
    {
        S.pBase = ( ElemType* ) realloc( S.pBase, (S.stacksize+STACKINCREMENT)
*sizeof(ElemType) );
        if ( S.pBase == NULL )   exit(OVERFLOW);   // 内存申请失败
        S.pTop = S.pBase + S.stacksize;            // 重新计算栈顶指针位置
        S.stacksize  +=  STACKINCREMENT;
    }
    *S.pTop  =   e;                                // 插入元素 e 作为新的栈顶元素
```

```
    S.pTop++;                              // 栈顶指针指向真实栈顶的下一个位置
    return OK;
} //Push
```

算法 3.6　顺序栈弹栈操作

```
Status Pop( SeqStack &S, ElemType &e )
{    // 若栈不空，则删除 S 的栈顶元素并用 e 返回，然后返回 OK；否则返回 ERROR
     if( S.pTop == S.pBase )    return ERROR;   // 空栈，无数据可弹出
     e = *(S.pTop-1);                           // 将栈顶元素值赋给 e
     S.pTop--;                                  // 栈顶指针指向新的栈顶位置
     return OK;
} //Pop
```

对于顺序栈来说，在栈顶位置（相当于线性表表尾）进行压栈和弹栈不需要移动其他元素，因此该操作的时间复杂度为 $O(1)$。这恰好是顺序表插入和删除时的最好情况。

3.4　栈的链式表示与实现

采用链式表示的栈称为**链式栈**（linked stack），如图 3.3 所示。显然，为了方便压栈和弹栈的操作，应将栈顶设在单链表的表头，并将栈底放在单链表的表尾。这样，压栈和弹栈的时间复杂度也为 $O(1)$。

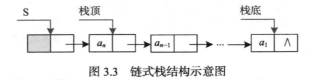

图 3.3　链式栈结构示意图

链式栈结点的存储结构与单链表结点的一致，定义如下：

```
typedef struct LNode
{
    ElemType        data;                  // 数据域
    struct LNode    *next;                 // 指针域
} LNode, *LinkStack;
```

链式栈的大部分操作与单链表操作类似，这里就不再一一列出。仅给出压栈和弹栈的操作方法。

算法 3.7　链式栈的压栈操作

```
Status Push( LinkStack &S, ElemType e )
{    // 将数据元素 e 压栈
     //1. 申请新的结点 s
     s = (LNode *) malloc( sizeof(LNode) );
     if ( s == NULL ) exit(OVERFLOW);      // 内存申请失败
     s->data   = e;
```

```
//2. 将结点 s 链接到链式栈的头结点之后
s->next  = S->next;
S->next  = s;
return OK;
} //Push
```

算法 3.8　链式栈的弹栈操作

```
Status Pop( LinkStack &S, ElemType &e )
{   // 将栈顶数据元素弹出，并用 e 返回
    if ( S->next == NULL ) return ERROR;    // 空栈，无数据元素可弹出
    //1. 将栈顶数据元素赋值给 e
    e = S->next.data;
    //2. 删除栈顶元素
    p = S->next;
    S->next = p->next;
    free(p);
    return OK;
} //Pop
```

可见，针对压栈和弹栈操作，可充分利用顺序表和链表的特性，将栈顶置于特定的位置，以避免数据的移动操作。

在一些特定场合下，可以利用一个连续存储空间同时实现两个栈。这两个栈的栈底分别设置在数组的两端，栈顶则向数组中间移动，因此称为**双端栈**。这样，两个栈可以共享同一个存储空间，互相调剂且灵活性强。

3.5　栈的应用举例

栈的最大特性就是"后进先出"，栈的应用与此密切相关。例如，与数制转换相关的逆序输出，与括号检验、表达式求值相关的最近匹配与比较，与迷宫问题、八皇后问题相关的递归与回溯等。本小节的应用举例将围绕这些典型问题展开。

3.5.1　逆序输出问题

生活中有很多逆序问题的实例。例如，冬天我们常身穿多件衣服，那么脱衣的顺序刚好是穿衣的逆序；电梯在下行时经过的楼层是上行时经过楼层的逆序；中国古诗文中也有"天连水尾水连天"这样正反读都一样的回文。在计算机应用中，十进制与八进制、十六进制的转换也是一个典型的逆序输出问题。这里以回文判断进行举例。

例 3.2　回文判断　正读和反读都相同的字符序列称为回文。例如，"abcba"是回文，"abcde"则不是回文。试给出一个算法，判断给定的字符串是否为回文。

从回文的定义可以看出，回文字符串的正序和逆序输出结果是相同的。算法需要做的就是将输入字符串进行栈逆序操作，然后将其与正序字符串进行比较，判断两者是否相同。

算法 3.9　回文字符串判断算法

```
Status CheckPalindrome( char *str )
{   // 检查 str 字符串是否是回文，是回文返回 RET_YES；否则返回 RET_NO
    InitStack( S );
    //1. 将字符串逐个字符压栈
    str_len = strlen(str);
    for( i=0; i<str_len; i++ )
    {
        Push(S, str[i]);
    }
    //2. 从栈中逐个弹出字符并将其与字符串的正序序列进行比较
    tag = RET_YES;                    // 是否为回文的标记，初始化为 RET_YES
    for( i=0; i<str_len; i++ )
    {
        Pop(S, e);
        if ( e!=str[i] )
        {
            tag = RET_NO;             // 不是回文
            break;
        }
    }
    Destroy(S);
    return tag;
} //CheckPalindrome
```

3.5.2　最近匹配与比较问题

我们在写 C/C++ 代码时，经常会出现括号疏漏、不匹配等问题。这时编译器程序会及时报告错误并提示。那么编译器是如何做到的呢？

例 3.3　括号匹配检验　以算法 3.9 的代码为例，一段代码会涉及圆括号（parentheses，"（ ）"）、方括号（square brackets，"[ ]"）和花括号（curly braces，"{ }"）。这些括号成对出现，而且符合最近匹配规则。例如，在"{（[ ]）}"中，每次出现的右括号都与最近的左括号进行配对。如果出现漏写、错写则会导致程序编译不通过。

显然，要进行最近匹配，栈是合适的结构。每当遇到一个括号字符时，如果是左括号，则进栈；如果是右括号，则将其栈顶的左括号进行匹配，若匹配成功则将该左括号弹栈。正确的情况是，遍历完程序代码字符串后所有括号都能匹配且栈空。出错的情况则会有好几种，需要分情况讨论：

（1）当前的右括号与栈顶的左括号不属于同一类型。例如，字符串"（[ ]）"的栈顶是"["，但与其进行最近匹配的却是"）"。

（2）直到代码字符遍历结束也没有遇到待匹配的右括号。例如"{（）"缺少右括号是常见的代码问题。

（3）栈已空却还有多余的右括号。例如，"{（）}}"多出了一个不该出现的右括号。

至此，我们已经列举了正确和错误的情况。接下来考虑将其组合成完整的算法描述。

显然, 算法执行是依照代码字符串遍历的顺序进行的, 算法的具体描述如下。

依次读取代码字符串中的字符:

若是非括号字符, 则忽略并继续读取下一个字符;

若是左括号, 则压栈;

否则为右括号, 与栈顶元素进行匹配:

若栈空, 则是多余的右括号 (出错情况 3), 报错返回;

否则

若匹配成功, 则栈顶元素弹栈, 继续读取下一个字符;

否则匹配错误 (出错情况 1), 报错返回。

代码字符串遍历结束时:

若栈空, 则匹配成功, 正确返回;

否则有左括号还没匹配 (出错情况 2), 报错返回。

上述过程描述了按照字符串遍历顺序对左右括号进行分情况处理以及通过压栈和弹栈操作进行匹配检验, 涵盖了出错的情况和成功匹配的情况。该描述可较为方便地转换成算法的伪代码表示。该思想也可以扩展到 HTML 文档中标志对的匹配检验。

算法 3.10 括号匹配检验算法

```
Status CheckParenMatching( char *str )
{   // 检查 str 字符串中括号是否匹配, 完全正确返回 RET_OK; 否则返回不同形式的 ERROR
    InitStack( S );
    // 逐字符检查是否是括号
    str_len = strlen(str);
    tag = RET_OK;
    for( i=0; i<str_len && tag==RET_OK; i++ )
    {
        switch ( str[i] )
        {
            case '(': case '[': case '{':           //若是左括号, 则压栈
                Push(S,str[i]);  break;
            case ')':
                if ( StackEmpty(S) )                //栈已空, 有多余的右括号
                { tag = RET_ERROR_EXTRA;  break; }
                Pop(S, e);
                if ( e != '(' )  tag = RET_ERROR_NOTMATCH;  //不匹配
                break;
             case ']':
                if ( StackEmpty(S) )                 //栈已空, 有多余的右括号
                {  tag = RET_ERROR_EXTRA; break; }
                Pop(S, e);
                if ( e != '[' )  tag = RET_ERROR_NOTMATCH;  //不匹配
                break;
            case ']':
                if ( StackEmpty(S) )                 //栈已空, 有多余的右括号
                {  tag = RET_ERROR_EXTRA; break;}
                Pop(S, e);
```

```
            if ( e != '{'  )  tag = RET_ERROR_NOTMATCH;  // 不匹配
            break;
        default:  break;                        // 其他字符，则继续下一个
    } // end switch
} // end for

if ( ! CheckEmpty(S) && tag == RET_OK )  tag = RET_ERROR_EXTRA; // 栈已空，
有多余的左括号
    DestroyStack(S);
    return tag;
} //CheckPalindrome
```

例 3.4　算术表达式求值　除了括号的匹配检验，还有一个典型的例子就是算术表达式求值。例如"3 + 4 × 2 − (1 + 1) #"这样的表达式计算。在计算过程中，不是读到一个运算符就立即计算，而是要与后面的运算符进行优先级比较，以决定先算哪个。换言之，当前读到的运算符要与前面最近的运算符进行优先级比较。栈结构非常适合用来进行这样的最近比较。

首先要进行一些约定。表达式由操作数（operand）、运算符（operator）和界限符（delimiter）组成。操作数和运算符是表达式的主要组成部分，界限符标志一个表达式的结束。表达式可分为 3 类，即算术表达式、关系表达式和逻辑表达式。本例只讨论算术表达式的计算，并对表达式做如下简化：

（1）假定所有运算数都为整数。

（2）所有运算符都是整数的二元操作，且都用一个字符表示。

其次，确定加减乘除四则运算的规则：先乘除后加减；从左向右计算；先算括号内，再算括号外。基于此，相邻的前、后运算符之间的优先级关系如表 3.2 所示，其中 θ_1 代表前面的运算符，θ_2 代表当前的运算符。例如，当 θ_1 为 +，θ_2 为 − 时，对应的优先级关系为"＞"，表示 θ_1 的运算优先级更高，要先进行计算。优先级表中为空白的项表示该种情况不应出现，为了突出算法的主要思想，假定输入的表达式合法无错误，即不会出现这样的情况。

表 3.2　相邻的前、后运算符之间的优先级关系

θ_1 ＼ θ_2	+	−	×	/	(	)	#
+	＞	＞	＜	＜	＜	＞	＞
−	＞	＞	＜	＜	＜	＞	＞
×	＞	＞	＞	＞	＜	＞	＞
/	＞	＞	＞	＞	＜	＞	＞
(	＜	＜	＜	＜	＜	＝	
)	＞	＞	＞	＞		＞	＞
#	＜	＜	＜	＜	＜		＝

再次，根据上述约定，利用操作数栈（OPND 栈）和运算符栈（OPTR 栈），设计对应

的计算方法：

（1）初始化：置 OPND 栈为空栈，OPTR 栈的栈底元素为表达式起始符'#'；

（2）执行过程：

依次读入表达式中的每个字符：

若为操作数，则转换为对应数值压入 OPND 栈；

否则为运算符，和 OPTR 栈的栈顶运算符进行优先级比较：

若栈顶运算符优先级低于当前运算符，则当前运算符压栈；

若栈顶运算符优先级高于当前运算符，则 OPTR 栈弹出运算符、OPND 栈弹出两个运算数，进行相应计算，并将计算结果压入 OPND 栈；

若栈顶运算符优先级等于当前运算符，则当前运算符为右括号，将对应的左括号从 OPTR 中弹栈。

执行结束，将 OPND 栈栈顶元素作为运算结果返回。

最后，上述计算方法可以较为方便地转换为对应的算法，见算法 3.11。

算法 3.11　表达式求值算法

```
Status CalculateExpression( char *str , double &result)
{    // 利用 OPND 和 OPTR 栈进行算法表达式求值

     InitStack(OPND);
     InitStack(OPTR);  Push(OPTR, '#');

     // 依次读入表达式的每个字符
     i = 0;
     GetTop(OPTR, theta1);
     while( str[i] != '#' || theta1!='#' )
     {
         if ( isDigit(str[i]) )                 // 若为操作数，则转换为对应数值压入 OPND 栈
         {
             readNumber( &str[i] ,  data); // 将字符型表示转换为对应数值，并将 i 顺次移动
             Push(OPND, data);                  // 压入 OPND 栈
         }
         else                                   // 否则为运算符
         {
         GetTop(OPTR, theta1);              // 查看 OPTR 栈顶运算符 theta1
         // 按照表 3.2，对栈顶元素 theta1 和当前运算符 theta2 进行优先级比较
         switch ( ComparePriority( theta1, str[i] ) )
             {
                 case '<':   // 栈顶运算符优先级低，则当前运算符压栈
                     Push(OPTR,str[i]); i++; break;
                 case '>':   // 栈顶运算符优先级高，则进行计算，计算结果压入 OPND 栈
                     POP(OPTR, theta);  Pop(OPND, b); Pop(OPND, a);
                     Push(OPND, Operate(a, theta, b));
                     break;
                 case '=':   // str[i] 中为右括号，脱括号
                     Pop(OPTR, theta);    i++;    break;
```

```
        default:  break;
      } // end switch
    } // end else
  } // end while

  GetTop(OPND, result);          // 将计算结果赋值给 result
  return RET_OK;
} //CalculateExpression
```

以 "$3 + 4 \times 2 - (1 + 1)\#$" 为例，在执行算法 3.11 时，OPND 和 OPTR 栈的变化情况如表 3.3 所示。

表 3.3　"3+4×2-(1+1)#" 执行过程

步骤	OPND 栈	OPTR 栈	输入字符	主要操作
1		#	3 + 4 × 2 - (1 + 1) #	Push(OPND, 3)
2	3	#	+4 × 2 - (1 + 1) #	Push(OPTR, '+')
3	3	# +	4 × 2 - (1 + 1) #	Push(OPND, 4)
4	3 4	# +	× 2 - (1 + 1) #	Push(OPTR, '×')
5	3 4	# + ×	2 - (1 + 1) #	Push(OPND, 2)
6	3 4 2	# + ×	- (1 + 1) #	Operate(4, '×', 2)
7	3 8	# +	- (1 + 1) #	Operate(3, '+', 8)
8	11	#	- (1 + 1) #	Push(OPTR, '-')
9	11	# -	(1 + 1) #	Push(OPTR, '(')
10	11	# - (	1 + 1) #	Push(OPND, 1)
11	11 1	# - (	+1) #	Push(OPTR, '+')
12	11 1	# - (+	1) #	Push(OPND, 1)
13	11 1 1	# - (+	) #	Operate(1, '+', 1)
14	11 2	# - (	) #	Pop(OPTR, theta)
15	11 2	# -	#	Operate(11, '-', 2)
16	9	#	#	return(GetTop(OPND))

在计算机的编译器中，针对表达式求值问题还有一种解决方法，即将正常的中缀表达式转换为后缀表达式，然后对后缀表达式进行求解。同样以 "$3 + 4 \times 2 - (1 + 1)\#$" 为例，其后缀表达式为 "$3\ 4\ 2\ \times\ +\ 1\ 1\ +\ -\ \#$"。针对这种表达式，在计算时每读到一个运算符，就连同前面的两个运算数进行计算，该式执行过程如表 3.4 所示。

表 3.4　后缀表达式 "3 4 2 × + 1 1 + - #" 执行过程

步骤	OPND 栈	输入字符	主要操作
1		3 4 2 × + 1 1 + - #	Push(OPND, 3)
2	3	4 2 × + 1 1 + - #	Push(OPND, 4)
3	3 4	2 × + 1 1 + - #	Push(OPND, 2)
4	3 4 2	× + 1 1 + - #	Operate(4, '×', 2)
5	3 8	+ 1 1 + - #	Operate(3, '+', 8)
6	11	1 1 + - #	Push(OPND, 1)
7	11 1	1 + - #	Push(OPND, 1)

（续）

步骤	OPND 栈	输入字符	主要操作
8	11 1 1	<u>+</u> − #	Operate(1, '+', 1)
9	11 2	<u>−</u> #	Operate(11, '-', 2)
10	9	<u>#</u>	return(GetTop(OPND))

可见，在后缀表达式的计算中，由于省去了操作符优先级的比较，所以计算过程相对简单。如何从中缀表达式生成后缀表达式，读者可参考相关教材，这里不再赘述。

3.5.3 递归与回溯问题

计算机程序在运行时，其函数调用的顺序也遵循"后进先出"的原则，最后被调用函数的将最先返回。计算机系统使用系统栈来实现函数调用的现场保存与恢复。

特别地，递归（recursion）是函数直接或间接调用自身的一种形式。递归可通过将一个大问题层层转化为一个与原问题相似的规模较小的问题来求解，只需较少的代码即可解决复杂的问题。当然，递归需要有边界条件的约束，从而能够正确返回。同时，受系统栈的容量限制，递归的深度不能太深。显然，可以使用自定义的数据栈，并将递归函数改成非递归函数，以避免递归深度的限制。

回溯是算法设计的基本思想之一，即从一条路往前走，能进则进，不能进则退回来，换一条路再试。可见，"退回来"符合栈的特性，也符合递归的特性。

本节将以 N 皇后问题为例，讨论回溯问题的递归与非递归解决方法。

例 3.5　N 皇后问题　我们以 4 皇后问题为例给出问题的定义。4 皇后问题是指在 4×4 的国际象棋棋盘中，放置 4 个"皇后"棋子，同时满足这样的条件：任意两个皇后不出现在同一行、同一列、同一正斜线或同一逆斜线上。如图 3.4 所示，在与皇后棋子相关联的阴影格中不可再放其他皇后。

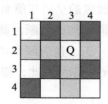

图 3.4　皇后势力范围示意图

本例采用回溯法的思想进行 4 皇后放置（过程见图 3.5）。假设第 1 个皇后放在第 1 行第 1 列（图 3.5（1）），则第 2 个皇后可放置的第一个候选位置为第 2 行第 3 列（图 3.5（2））。这样，第 3 个皇后在第 3 行就没有候选位置（图 3.5（3）），需"回退"到第 2 行重新摆放第 2 个皇后，改为第 2 行第 4 列（图 3.5（4）），则第 3 个皇后可放在第 3 行第 2 列（图 3.5（5））。这时，第 4 个皇后在第 4 行也无法放置（图 3.5（6）），需"回退"并重新摆放第 3 个皇后，同样也无可选位置（图 3.5（7））。继续回退并重新摆放第 2 个皇后，无可选位置（图 3.5（8）），因此继续回退到第 1 行，将第 1 个皇后放到第 1 行第 2 列（图 3.5（9））。然后依次再放置其他皇后，当第 2 个皇后在第 2 行第 4 列（图 3.5（10））、第 3 个皇后在第 3 行第 1 列（图 3.5（11））、第 4 个皇后在第 4 行第 3 列（图 3.5（12））时，得到符合条件的一个解。

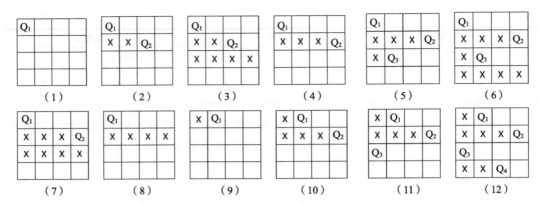

图 3.5　4 皇后放置过程示意图

根据上面的分析，首先设计用来表示皇后的数据结构，采用顺序栈的方式存储皇后的位置。

```
typedef struct
{
    int col;                // 列坐标值
    int row;                // 行坐标值
}Point;
typedef Point ElemType;     // 数据元素为皇后的位置坐标值
```

然后，考虑是否存在皇后冲突的判别方法。由于每行只能放一个皇后，所以只要判断新放置的皇后与前面已放置的皇后是否在同一列、同一正斜线或同一逆斜线上。对于是否在同一列的判断，就是看新皇后位置的列坐标与栈中其他皇后的列坐标是否相等。对于同一正、逆斜线上的两个点，其斜率为 1 或 −1，即 $|y2-y1|/|x2-x1| = 1$，化简为 $|y2-y1|=|x2-x1|$。因此，相应的判断冲突的函数如算法 3.12 所示。

算法 3.12　皇后冲突判断算法

```
Status JudgeQueenConfliction( Point newQueen , SeqStack StkQueen)
{   // 判断新的皇后位置与已有皇后位置是否有冲突，没有冲突返回 RET_OK，有冲突返回 RET_CONFLICT
    ElemType   *pCurQueen;

    x1 = newQueen.col;
    y1 = newQueen.row;
    pCurQueen = StkQueen.pBase;
    tag  = RET_OK;
    while( pCurQueen < StkQueen.pTop )
    {
        x2 = pCurQueen->col;
        y2 = pCurQueen->row;
        if ( x1==x2 ) { tag = RET_CONFLICT; break; }   // 同一列
        if ( abs(x1-x2) == (y1-y2) )  { tag = RET_CONFLICT; break; }
                                          // 同一正斜线或逆斜线

        pCurQueen++;
```

```
    } //end while

    return tag;
} //JudgeQueenConfliction
```

最后，给出 4 皇后问题的算法思想。

（1）初始状态：将第 1 个皇后放置在第 1 行第 1 列，并压栈；当前处理行编号置为 2，列编号置为 1。

（2）执行过程：

当前处理的行编号不大于且列编号不大于 4：

从该行当前列编号开始，检查是否有冲突；

若找到不冲突的位置，则：

放置皇后，将位置压栈；当前处理行编号增加 1，列编号置为 1；

当前行编号大于 4 时：

本轮全部放置完毕，输出 4 个皇后的位置。弹栈，修改最后一个皇后的位置，进行下一种解的试探。

否则：

将栈顶皇后弹栈，当前处理行改为该皇后所在行，当前列编号置为该皇后所在列的后一列，若列发生越界，则继续执行弹栈处理直到找到合适位置。

当然，该方法可以很自然地推广到 8 皇后问题甚至 N 皇后问题。根据上述算法思想，给出 N 皇后的放置算法实现（算法 3.13）。

算法 3.13   N 皇后放置非递归算法

```
Status PlaceQueen( int N )
{   // N 皇后问题非递归实现
    SeqStack StkQueen;
    Point   curQueen;

    InitStack(StkQueen);
    resultCount = 0;                          // 满足要求的解数量置为 0
    curQueen.row = 1;
    curQueen.col = 1;
    Push(StkQueen, curQueen);                 // 将第 1 个皇后放置在第 1 行第 1 列

    curQueen.row = 2;
    curQueen.col = 1;
    while (  curQueen.row <= N && curQueen.col <= N )
    {
        while ( curQueen.col <= N )
        {
            ret = JudgeQueenConfliction( curQueen , StkQueen);
            if ( ret == RET_OK)  break;       // 在本行上找到了合适的位置
            curQueen.col = curQueen.col+1;    // 存在冲突，则试探下一个位置
```

```
        } // end while  ( curQueen.col <= N )
        if ( ret == RET_OK )                      // 不冲突
        {
            Push(StkQueen, curQueen);
            curQueen.row = curQueen.row +1;
            curQueen.col   = 1;
            if ( curQueen.row > N )               // 当前放置的皇后已经满足要求
            {
                OutputResult( StkQueen , N );    // 根据栈中皇后的位置，输出满足要求的
N 皇后放置结果

                resultCount++;                    // 解的数目加 1
                Pop( StkQueen, curQueen);         // 弹栈
                curQueen.col = curQueen.col+1;    // 从当前的下一个位置继续试探
                while ( curQueen.col > N && !StackEmpty(StkQueen) )   // 若回退不
满足要求，则继续回退
                {
                    Pop(StkQueen, curQueen);
                    curQueen.col = curQueen.col + 1;
                } // end while
            } // end if ( curQueen.row > N )
        } // end if ( ret == RET_OK )             // 不冲突
        else    // 本行上未找到合适位置，回退
        {
            Pop(StkQueen, curQueen);
            curQueen.col = curQueen.col + 1;
            while ( curQueen.col > N && !StackEmpty(StkQueen) )   // 若回退不满足要求，
则继续回退
            {
                Pop(StkQueen, curQueen);
                curQueen.col = curQueen.col + 1;
            } // end while
        }  // end else
    } //end while  (  curQueen.row <= N && curQueen.col <= N )

    cout<<resultCount;                            // 符合条件的解的总个数
    DestroyStack( StkQueen );
    return RET_OK;
} // PlaceQueen
```

相应地，递归方法可以让代码更简洁一些。

算法 3.14　*N* 皇后放置递归算法

```
Status PlaceQueen( int row )
{ // N 皇后问题递归实现

    for( col=0; col<N; col++)
    {
        curQueen.row = row;
        curQueen.col = col;
```

```
            Push(StkQueen, curQueen);
            ret = JudgeQueenConfliction( curQueen , StkQueen);
            if ( ret == RET_OK)
            {
                if ( row < N-1 ) PlaceQueen( row+1 ); // 未到达最后一行, 继续递归下一行
                else
                {
                    OutputResult( StkQueen , N );    // 根据栈中皇后的位置, 输出满足要求的
N皇后放置结果
                        resultCount++;
                }
            } //end if
            Pop(StkQueen, curQueen);
    }  // end for

    return RET_OK;
} // PlaceQueen
```

　　当然, 也可以用穷举搜索的方法来寻找 N 皇后问题可能的解, 读者可自行比较分析回溯法和穷举法在时间复杂度上的差异。

　　该类问题还包括斐波拉契数列求值、汉诺塔、迷宫行走等经典问题, 读者可参阅相关文献自行学习。

3.6　队列的抽象数据类型

　　队列（queue）也是一种特殊的线性表, 它是一种只允许在表的一端进行插入操作、在表的另一端进行删除操作的线性表。表中允许进行插入操作的一端称为**队尾**（rear）, 允许进行删除操作的一端称为**队头**（front / head）。队列的插入操作通常称为入队, 队列删除操作通常称为出队。当队列中没有元素时, 称其为**空队列**。

　　假设队列 $Q=(a_1, a_2, \cdots, a_n)$, 如图 3.6 所示, 则称 a_1 为队头元素, a_n 为队尾元素。队列与现实生活中的等车、买票时的排队相似, 新来的成员总是加在队尾, 每次离开的总是队头的成员。队列中元素按 $a_1, a_2, \cdots, a_n$ 的顺序入队, 也按照该顺序出队, 因此队列又称为**先进先出**（First In First Out, FIFO）的线性表。

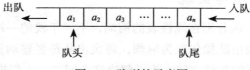

图 3.6　队列的示意图

　　队列的抽象数据类型定义如下。

```
ADT Queue
{
```

数据对象: D = {a_i|a_i ∈ ElemSet, i=1,2,···,n,n ⩾ 0}

数据关系: R = {<a_{i-1},a_i>|a_{i-1},a_i ∈ D,i=2,···,n}, 约定 a_1 端为队头, a_n 端为队尾

基本操作:

//1. 初始化、销毁和清空操作

InitQueue(&Q)

    操作结果: 构造一个空队列 Q

DestroyQueue(&Q)

    初始条件: 队列 Q 已存在

    操作结果: 销毁队列 Q

ClearQueue(&Q)

    初始条件: 队列 Q 已存在

    操作结果: 将队列 Q 重置为空队列

//2. 访问型操作

QueueEmpty(Q)

    初始条件: 队列 Q 已存在

    操作结果: 若队列 Q 为空队列, 则返回 TRUE, 否则返回 FALSE

QueueLength(Q)

    初始条件: 队列 Q 已存在

    操作结果: 返回队列 Q 中元素个数

GetHead(Q, &e)

    初始条件: 队列 Q 已存在且非空

    操作结果: 用参数 e 返回队列 Q 的队头元素

QueueTraverse(Q)

    初始条件: 队列 Q 已存在且非空

    操作结果: 从队头到队尾依次访问并输出队列 Q 的数据元素

//3. 加工型操作

EnQueue(&Q, e)

    初始条件: 队列 Q 已存在

    操作结果: 插入数据元素 e 作为新的队尾元素

DeQueue(&Q, &e)

    初始条件: 队列 Q 已存在且非空

    操作结果: 删除队列 Q 的队头元素, 并用参数 e 返回其值

} // ADT Queue

相对于线性表的插入和删除操作, 队列中分别为队尾的入队 EnQueue 操作和队头的出队 DeQueue 操作。

3.7　队列的顺序表示与实现

由于队列的入队和出队分别在线性表的两端, 不同于栈的一端操作, 因此如果直接用顺序表来表示队列, 则出队操作较为麻烦, 每次出队都要移动整个队列的元素, 但不移动又会浪费顺序表前面的存储空间。为了解决这个问题, 人们提出了**循环队列**（circle queue）的思想, 即将顺序表的表头和表尾连在一起, 同时用 front 和 rear 两个指针分别指向循环队列的队头和队尾。这样, 顺序表中的存储区域就自然被分成两部分: 队列占用部分和空闲空间部分。队列的头尾刚好在空闲空间的两端, 因此入队和出队操作就都不需要移动队列元素本身了, 如图 3.7 所示。

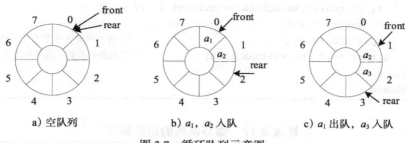

a) 空队列　　　　　　b) a_1，a_2 入队　　　　　c) a_1 出队，a_3 入队

图 3.7　循环队列示意图

循环队列的描述方式如下：

```
#define MAXQSIZE            256         //最大队列长度
typedef struct SeqQueue
{
    ElemType *pBase;                    //动态存储空间的基地址
    int    front;                       //队头指针，若队列不空，指向队头元素
    int    rear;                        //队尾指针，若队列不空，指向队尾的下一个位置
}SeqQueue;
```

由定义可见：当 front==rear 时为空队列；当 (rear+1)%MAXQSIZE==front 时，队尾追上了队头，则队列满；队列的长度可表示为 (rear+MAXQSIZE-front)%MAXQSIZE，这种计算方法巧妙地处理了头尾循环相接的问题，就像从钟表盘面上计算下午 1 点到上午 11 点之间的小时数一样。

这里简单给出基于此存储结构的循环队列初始化、入队和出队操作的实现，其他实现由读者自行完成。

1. 初始化操作

算法 3.15　循环队列的初始化操作

```
Status InitQueue( SeqQueue &Q )
{   //初始化循环队列
    Q.pBase = (ElemType *)malloc(MAXQSIZE*sizeof(ElemType));     //申请存储空间
    if( Q.pBase == NULL )  exit(OVERFLOW);              //存储空间申请失败
    Q.front = 0;                                        //空队列，队头指向0号单元
    Q.rear  = 0;                                        //空队列，队尾指向0号单元
    return OK;
} // InitQueue
```

2. 加工型操作：入队和出队

循环队列加工型操作主要包括入队 EnQueue 和出队 DeQueue，见算法 3.16 和算法 3.17。

算法 3.16　循环队列的入队操作

```
Status EnQueue( SeqQueue &Q, ElemType e )
{   //插入数据元素 e 作为新的队尾元素
```

```
    if( (Q.rear+1)%MAXQSIZE == Q.front )  // 队列满
        return ERROR;
    Q.pBase[Q.rear] = e;                        // 插入元素 e 作为新的队尾元素
    Q.rear = (Q.rear+1)%MAXQSIZE;               // 队尾指针指向队尾元素的下一个位置
    return OK;
} //EnQueue
```

算法 3.17   循环队列的出队操作

```
Status DeQueue( SeqQueue &Q, ElemType &e )
{    // 若队列不空, 则删除 Q 的队头元素并用 e 返回, 并返回 OK; 否则返回 ERROR
    if( Q.rear == Q.front )    return ERROR;    // 空队列, 无数据元素可出队
    e = Q.pBase[Q.front];                       // 将队头元素赋值给 e
    Q.front = (Q.front+1)%MAXQSIZE;             // 队头指针指向新的队头位置
    return OK;
} //DeQueue
```

循环队列巧妙地将一维数组首尾相连, 其队头出队和队尾入队的操作不需要移动其他元素, 因此时间复杂度都为 $O(1)$。

3.8   队列的链式表示与实现

采用链式表示的队列称为**链式队列**（linked queue）（图 3.8）。与链式栈不同的是, 链式队列的入队和出队在单链表的两端, 需要增加一个指向单链表表尾的指针, 显然, 从表尾插入新结点并从表头删除结点较为方便。这样, 入队和出队的时间复杂度均为 $O(1)$。

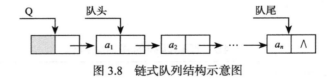

图 3.8   链式队列结构示意图

链式队列结点的存储结构与单链表结点一致, 定义如下:

```
typedef struct LNode
{
    ElemType      data;                 // 数据域
    struct LNode  *next;                // 指针域
} LNode, *QueuePtr;
typedef struct LinkQueue
{
    QueuePtr  front;                    // 队头指针
    QueuePtr  rear;                     // 队尾指针
} LinkQueue;
```

链式队列的大部分操作与单链表操作类似, 这里只给出初始化队列、入队和出队的操作方法。

1. 初始化操作

算法 3.18   链式队列的初始化操作

```
Status InitQueue( LinkQueue &Q )
{    // 构造一个空的链式队列 Q
     //1. 申请头结点
     Q.front = Q.rear = (LNode *) malloc( sizeof(LNode) );
     if ( Q.front == NULL ) exit(OVERFLOW);          // 内存申请失败
     Q.front->next  = NULL;
     return OK;
} //InitQueue
```

2. 加工型操作：入队和出队

算法 3.19   链式队列的入队操作

```
Status EnQueue( LinkQueue &Q, ElemType e )
{    // 将数据元素 e 插入队列成为新的队尾
     //1. 申请新的结点 s
     s = (LNode *) malloc( sizeof(LNode) );
     if ( s == NULL ) exit(OVERFLOW);                // 内存申请失败
     s->data  = e;
     s->next  = NULL;
     //2. 将结点 s 链接到队尾结点之后
     Q.rear->next = s;
     Q.rear = s;                                     // 更新队尾指针指向新的队尾
     return OK;
} //EnQueue
```

算法 3.20   链式队列的出队操作

```
Status DeQueue( LinkQueue &Q, ElemType &e )
{    // 将队头元素数据元素出队，并用 e 返回，若是空队列，返回 ERROR
     if ( Q.front == Q.rear ) return ERROR;     // 空队列
     //1. 将队头数据元素赋值给 e
     p = Q.front->next;
     e = p->data;
     //2. 删除队头结点
     Q.front->next  = p->next;
     if ( Q.rear == p ) Q.rear = Q.front;       // 如果已是队尾，则更新队尾指针
     free(p);
     return OK;
} //DeQueue
```

在一些特定场合下，还有一些扩展的队列表示，例如双端队列、优先级队列等。有
兴趣的读者可以参阅相关文献。

3.9 队列的应用举例

在日常生活中，队列的应用随处可见：在银行、饭店、理发店、车站等都需要排队。令人印象深刻的还有节假日在网上抢购火车票的场景。平时，由于网上排队买票的人数在正常的合理范围内，服务器的反应较为迅速；但一到传统节假日，由于抢票人数众多，服务器的处理能力难以追上排队人数的增加速度，这将导致网站严重拥塞。可见，如果队列的出队速度与入队速度不能很好地匹配，就会影响用户体验。在平时涉及队列的应用设计中，这是值得考虑的因素。

这里列举一个工程应用中常遇到的问题。

例 3.6 温度值计算 一个温度传感器每秒可报告 10 次温度值。应用系统的要求是每秒读取一次温度值，同时为了消除传感器误差，要求在读取温度值时将温度传感器当前时刻前 100 次的读数值取平均值输出。

显然，需要在应用系统中维护一个历史数据队列，保存当前时刻前 100 次的温度读数值，然后计算平均值并输出。相应操作见算法 3.21 和算法 3.22。

算法 3.21 传感器温度值加入队列

```
Status AddTempToQueue( SeqQueue &Q, ElemType e )
{ //传感器温度值加入队列
    if( (Q.rear+1)%MAXQSIZE == Q.front )    //若队列满，队头先出队
    {
        Q.front = (Q.front+1)%MAXQSIZE;
    }
    Q.pBase[rear] =  e;                     //插入元素 e 作为新的队尾元素
    Q.rear = (Q.rear+1)%MAXQSIZE;           //队尾指针指向队尾元素的下一个位置
    return OK;
} //AddTempToQueue
```

算法 3.22 从队列中输出符合要求的温度值

```
Status OutputTemperature( SeqQueue &Q, ElemType &e )
{    // 从队列中输出符合要求的温度值
    if ( (rear+MAXQSIZE-front)%MAXQSIZE < HIST_TIMES ) return ERROR;
                                    // 队列中历史数据未到 100 个
    //1. 从队尾开始，向前统计前 100 个历史值
    index=(rear-1+MAXQSIZE) % MAXQSIZE;
    for( j=HIST_TIMES, sum=0; j>0; j--)
    {
        sum += Q.pBase[index];
        index =  (index-1+MAXQSIZE) % MAXQSIZE;
    }
    e  = sum / HIST_TIMES;
    return OK;
} //OutputTemperature
```

3.10　小结

本章讨论了栈和队列，包括其抽象数据类型的描述、顺序表示与实现和链式表示与实现，以及相关的应用举例。

栈限定于在线性表的一端进行压栈和弹栈操作。采用顺序表示实现时，可将栈顶设置在顺序表的表尾；采用链式表示时，可将栈顶设置在单链表的表头。这样恰好分别满足顺序表和单链表插入与删除操作的最好情况。栈结构的最大特性是"后进先出"，因此它可以用于逆序输出、最近匹配与比较、递归与回溯等。栈在计算机系统中的应用最为广泛。

队列只能在线性表的一端入队、另一端出队。在采用顺序表示和链式表示时都无法直接使用线性表来达到最好的情况，需要进行适当改造：在采用顺序表示时，将原来的顺序表变成循环形式以满足入队和出队操作的需要；在采用链式表示时，增加一个指向单链表表尾的指针，将队列的入队操作放在单链表的表尾、队列的出队操作放在单链表的表头。当然，由于增加了表尾指针，在进行入队操作时，每次都需要修改表尾指针使其指向新的队尾；在进行出队操作时，要判断是否为最后一个元素出队、是否需要因此而修改表尾指针。可见，在增加一个辅助指针以带来便利的同时，也要防范其引入后的"副作用"。队列结构的特性是"先入先出"，这在生活中较为普遍。特别是在分析最近的历史数据时，队列的最新数据入队和最旧数据出队恰好能满足其约束。

3.11　练习

1. 利用栈实现迷宫问题的求解算法。
2. 采用非递归方法实现汉诺塔问题的求解算法。
3. 利用队列进行银行营业窗口的模拟，在预设客流量的约束下评估开设多少个窗口可以满足正常服务的需要。
4. 利用队列实现杨辉三角的打印，给出相应的实现算法。

第 4 章　数组、广义表和字符串

4.1　引言

　　线性表、栈和队列都是一维的线性结构，其中的每个元素都是不可分割的原子类型。但在实际应用中，线性结构既会有维度上的拓展（例如二维数组以及更多维的数组形式）也会有深度上的拓展（例如广义表等形式），数据的元素既可以是原子类型也可以是嵌套的结构类型。

　　还有一种特殊的线性结构，那就是字符串。可以将字符串看成由字符类型的元素组成的线性表，计算机的信息检索、文字编辑等都是以字符串数据作为处理对象。它与一般线性表的区别是，每次操作或处理的对象不仅是单个字符元素，还经常是字符串的一部分或整体。

4.2　数组

　　我们在 C/C++ 程序设计中已经学习和使用过**数组**（array）。数组是存储于一个连续存储空间中的相同数据类型的数据元素的集合，通过数组元素的下标可以找到存放该数组元素的存储地址，从而可以访问该数组元素的值。就此意义来看，可以将数组看作线性表。

4.2.1　一维数组

　　一维数组是由具有相同数据类型的 n（$n \geqslant 0$）个元素组成的有限序列，其中 n 为数组**长度**或数组大小，$n=0$ 的数组是**空数组**。这些元素存储在一组连续的存储空间中，因此可以将一维数组看成由数组元素组成的、以顺序结构存储的线性表。实际上，线性表的顺序存储通常就是采用数组完成的。数组元素既可以是基本数据类型也可以是结构类型，但必须是同一数据类型。在数学上，也可以将一维数组看成向量。

　　图 4.1 展示了一维数组存储结构。设数组首地址为 b，数组元素长度为 c，则第 i 个元素所在地址为 $\mathrm{LOC}(a_i) = b + i \times c$。

数组元素下标	0	1		i		$n-1$
	a_0	a_1	$\cdots$	a_i	$\cdots$	a_{n-1}
存储地址	b	$b+c$		$b+i \times c$		$b+(n-1) \times c$

图 4.1　一维数组存储结构示意图

4.2.2 二维数组

二维数组在数学中可以看成一个矩阵，在二维数组 $a[n][m]$ 中，共有 $n \times m$ 个数据元素。也可以将二维数组看作由 n 个行向量或 m 个列向量组成的矩阵，如图 4.2 所示。

$$\begin{bmatrix} a_{00} & a_{01} & \cdots & a_{0(m-1)} \\ a_{10} & a_{11} & \cdots & a_{1(m-1)} \\ \vdots & \vdots & \vdots & \vdots \\ a_{(n-1)0} & a_{(n-1)1} & \cdots & a_{(n-1)(m-1)} \end{bmatrix}$$

图 4.2 二维数组结构示意图

每一个元素 $a[i][j]$ 同时处于第 i 个行向量和第 j 个列向量之中，如果存在，它在行的方向和列的方向各有一个直接前驱（$a[i-1][j]$ 和 $a[i][j-1]$）以及一个直接后继（$a[i+1][j]$ 和 $a[i][j+1]$）。因此，每一个数组元素在数组中的位置由行、列下标的二元组唯一确定。

若将数组中的每个行向量看成一个元素，那么二维数组 $a[n][m]$ 可以看成以 n 个行向量作为元素的线性表；同理，若将数组中的每个列向量看成一个元素，那么二维数组 $a[n][m]$ 可以看成以 m 个列向量作为元素的线性表。

二维数组的存储也采用顺序结构，共有两种方式，即行优先顺序和列优先顺序。以图 4.2 为例，按照行优先的顺序，所有数组元素按行向量依次排列，第 $i+1$ 个行向量紧跟在第 i 个行向量后面，这样可以得到数组元素存储的一种按行序的线性序列：

$a[0][0], a[0][1], \cdots, a[0][m-1], a[1][0], a[1][1], \cdots, a[1][m-1], \cdots, a[n-1][0], a[n-1][1], \cdots, a[n-1][m-1]$

大多数程序设计语言（如 PASCAL、C/C++、BASIC 等）都是按行优先的顺序把数组元素存储于内存中。下面我们就行优先的顺序讨论地址的映射方法。

设二维数组 $a[n][m]$ 的第一个元素 $a[0][0]$ 在内存中的地址为 LOC(0,0)，每个元素占 c 个存储空间，那么应如何求任一数组元素 $a[i][j]$ 在内存中的地址 LOC(i,j)？

这里先考虑数组元素在相应的存储序列中的序号。设 $a[0][0]$ 的序号为 1，$a[0][1]$ 的序号为 2。在二维数组 $a[n][m]$ 中，$a[i][j]$ 所处位置上面已有 i 行，每行有 m 个元素，因此共有 $i \times m$ 个元素，而 $a[i][j]$ 在所在行上位于第 $j+1$ 位，所以 $a[i][j]$ 的序号为 $k = i \times m + j + 1$。若序号为 1 的元素地址为 LOC(1)，序号为 k 的元素地址为 LOC(k)，元素大小为 c，显然有 LOC(k)=LOC(1)+$(k-1) \times c$。所以，数组元素 $a[i][j]$ 在内存中的地址为

$$\text{LOC}(i, j) = \text{LOC}(0, 0) + (i \times m + j) \times c \tag{4.1}$$

二维以上的数组称为多维数组，它在内存中也存储在一片连续的存储空间中，因此其元素必须排列成一种线性序列。就像二维数组的元素可以按行优先的顺序排列一样，三维数组的元素可以按页优先的顺序排列。设有三维数组 $a[m_1][m_2][m_3]$，排列过程先考虑第三维变化，然后是第二维变化，最后是第一维变化。对于数组 $a[i][j][k]$，i 每增加 1，就增加一页，也就是 $m_2 \times m_3$ 个元素；j 每增加 1，就增加 m_3 个元素。由此可推出 $a[i][j][k]$ 的序号为 $i \times m_2 \times m_3 + j \times m_3 + k + 1$，因此 $a[i][j][k]$ 在内存中的地址为

$$\mathrm{LOC}(i, j, k) = \mathrm{LOC}(0, 0, 0) + (i \times m_2 \times m_3 + j \times m_3 + k) \times c \qquad (4.2)$$

同理可推广到更高维的数组。

4.3　特殊矩阵的压缩存储

矩阵是很多科学与工程计算中研究的数学对象，然而在数值分析中经常会遇到一些维数很高的矩阵，在这些矩阵中有许多值相同的元素或零元素，例如数字图像处理中的图像数据。为了节省存储空间，可对这类矩阵进行压缩，即对多个值相同的元素只分配一个存储空间，对零元素不分配存储空间。若值相同的元素或零元素在矩阵中的分布有一定规律，则称此类矩阵为特殊矩阵（special matrix）。

4.3.1　对称矩阵

若 n 阶矩阵 a 中的元素满足条件 $a_{ij} = a_{ji}$（$0 \leqslant i, j \leqslant n-1$），则称 a 为 n 阶对称矩阵。

对于对称矩阵，可考虑为每一对对称的相同元素分配一个存储空间，这样就可以将原来需要的 n^2 个存储空间压缩到 $n(n+1)/2$ 个存储空间。不失一般性，可以按照行优先的顺序存储对称矩阵的下三角（包括对角线）元素。

设 $a[0][0]$ 的存储地址为 $\mathrm{LOC}(0,0)$，每个元素所占的存储空间为 c，为了计算 $a[i][j]$ 的存储地址 $\mathrm{LOC}(i, j)$，我们同样采用首先计算元素在存储序列中的序号 k 的方法。

设 $a[0][0]$ 的序号为 1，在下三角矩阵（如图 4.3a 所示）中，元素 $a[i][j]$（$i \geqslant j$）上面有 i 行，第 1 行有 1 个元素，第 2 行有 2 个元素，以此递增，则该元素上面共有 $i(i+1)/2$ 个元素，而元素 $a[i][j]$ 在所在行上处于第 $j+1$ 位，因此其序号 $k = i(i+1)/2 + j + 1$。由此可得，数组元素 $a[i][j]$ 在内存中的地址为

$$\mathrm{LOC}(i, j) = \mathrm{LOC}(0, 0) + (k-1) \times c = \mathrm{LOC}(0, 0)+(i(i+1)/2+j) \times c \qquad (4.3)$$

下三角矩阵的其余元素可通过 $a_{ij}=a_{ji}$ 求得。这种压缩存储方法同样适用于上三角矩阵。

同理可得上三角矩阵的计算公式。在上三角矩阵（如图 4.3b 所示）中，元素 $a[i][j]$（$i \leqslant j$）上面有 i 行，第 1 行有 n 个元素，第 2 行有 $n-1$ 个元素，以此递减，则该元素上面共有 $i(n+n-i+1)/2$ 个元素，而元素 $a[i][j]$ 在所在行上处于第 $j-i+1$ 位，因此其序号 $k=i(2n-i+1)/2+j-i+1$。由此可得，数组元素 $a[i][j]$ 在内存中的地址为

$$\mathrm{LOC}(i, j) = \mathrm{LOC}(0, 0) + (k-1) \times c = \mathrm{LOC}(0, 0)+(i(2n-i+1)/2+j-i) \times c \qquad (4.4)$$

$$\begin{bmatrix} a_{00} & & & \\ a_{10} & a_{11} & & \\ \vdots & \vdots & a_{ii} & \\ a_{(n-1)0} & a_{(n-1)1} & \cdots & a_{(n-1)(n-1)} \end{bmatrix} \quad \begin{bmatrix} a_{00} & a_{01} & \cdots & a_{0(n-1)} \\ & a_{11} & \cdots & a_{1(n-1)} \\ & & a_{ii} & \vdots \\ & & & a_{(n-1)(n-1)} \end{bmatrix}$$

　　　a）下三角矩阵　　　　　b）上三角矩阵

图 4.3　三角矩阵

4.3.2 对角矩阵

在数值分析中还经常出现一种称为对角矩阵的特殊矩阵，这种矩阵的非零元素都集中在以对角线为中心的带状区域，图 4.4 所示的是带宽为 3 的三对角矩阵。

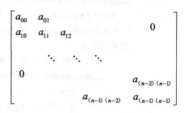

图 4.4 三对角矩阵

设 $a[0][0]$ 的序号为 1，在三对角矩阵（如图 4.4 所示）中，元素 $a[i][j]$（$|i-j| \leq 1$）上面有 i 行，第 1 行有 2 个元素，第 2 行以下每行均有 3 个元素，则该元素上面共有 $3 \times (i-1)+2$ 个元素（$i>0$），元素 $a[i][j]$ 在所在行上处于第 $j-i+2$ 位，因此其序号 $k = 3 \times (i-1)+2+j-i+2$。由此可得，该数组元素在内存中的地址为

$$\mathrm{LOC}(i, j) = \mathrm{LOC}(0, 0) + (k-1) \times c = \mathrm{LOC}(0, 0)+(3 \times (i-1)+2+j-i+1) \times c \qquad (4.5)$$

在实际应用中，还经常会遇到另一类矩阵，其非零元素较少且分布没有规律，这就是下一节将讨论的稀疏矩阵。

4.4 稀疏矩阵的压缩存储

若矩阵中的非零元素非常少（但无明确规定），我们称这类矩阵为稀疏矩阵（sparse matrix）。一般地，对于一个 $m \times n$ 的矩阵，$s = m \times n$ 为矩阵元素总数。设 t 为矩阵中非零元素的个数，若 $t \ll s$，则可认为该矩阵为稀疏矩阵。

4.4.1 稀疏矩阵的三元组表示

在实际应用中，需要处理的稀疏矩阵常常是很大的。例如，一个只有 99 个非零元素的 1000×1000 的矩阵。显然，要存储矩阵中所有的 1 000 000 个元素是不合适的，只需存储其中的 99 个非零元素，因此需要设计稀疏矩阵的压缩存储方式。

由于非零元素的分布没有规律，所以在矩阵中可用一个三元组（行，列，值）确定一个矩阵的非零元素。由此可将非零元素的三元组作为线性表的元素来表示一个稀疏矩阵，如图 4.5 所示。

$$\begin{bmatrix} 0 & 0 & 4 & 0 & 0 & 0 \\ 0 & 6 & 0 & 0 & 0 & 0 \\ 0 & 0 & 0 & 0 & 0 & 0 \\ 5 & 0 & 0 & 0 & 3 & 0 \\ 0 & 0 & 7 & 0 & 0 & 0 \end{bmatrix}_{5 \times 6} \qquad \begin{matrix} (0, 2, 4) \\ (1, 1, 6) \\ (3, 0, 5) \\ (3, 4, 3) \\ (4, 2, 7) \end{matrix}$$

图 4.5 稀疏矩阵（左）及其三元组表示（右）

由于矩阵运算的种类很多，在下列抽象数据类型稀疏矩阵的定义中，我们只列举了几种常见的运算。抽象数据类型稀疏矩阵的定义如下。

```
ADT SparseMatrix
{
```

数据对象：D={a$_{ij}$|i=1,2,…,n;j=1,2,…,m;a$_{ij}$ ∈ ElemSet,n 和 m 分别称为矩阵的行数和列数 }

数据关系：R={Row,Col}

　Row={<a$_{ij}$,a$_{i(j+1)}$> | 1≤i≤n, 1≤j≤m-1}

　Col={<a$_{ij}$,a$_{(i+1)j}$> | 1≤i≤n-1, 1≤j≤m }

基本操作：

　　//1. 初始化和销毁操作

　　CreateSMatrix(&M)

　　　　初始条件：无

　　　　操作结果：创建稀疏矩阵 M

　　DestroySMatrix(&M)

　　　　初始条件：稀疏矩阵 M 存在

　　　　操作结果：销毁稀疏矩阵 M

　　//2. 访问型操作

　　PrintSMatrix(M)

　　　　初始条件：稀疏矩阵 M 存在

　　　　操作结果：输出稀疏矩阵 M

　　//3. 加工型操作

　　CopySMatrix(M, &T)

　　　　初始条件：稀疏矩阵 M 存在

　　　　操作结果：由稀疏矩阵 M 复制得到 T

　　AddSMatrix(M, N, &Q)

　　　　初始条件：稀疏矩阵 M 与 N 的行数和列数对应相等

　　　　操作结果：求稀疏矩阵的和 Q=M+N

　　SubSMatrix(M, N, &Q)

　　　　初始条件：稀疏矩阵 M 与 N 的行数和列数对应相等

　　　　操作结果：求稀疏矩阵的差 Q=M-N

　　MultSMatrix(M, N, &Q)

　　　　初始条件：稀疏矩阵 M 的列数等于 N 的行数

　　　　操作结果：求稀疏矩阵乘积 Q=M×N

　　TransposeSMatrix(M, &T)

　　　　初始条件：稀疏矩阵 M 存在

　　　　操作结果：求稀疏矩阵 M 的转置矩阵 T

} // ADT SparseMatrix

实现三元组表的存储，即稀疏矩阵的压缩存储，既可以利用顺序结构存储，也可利用链式结构存储，这就是下面要介绍的三元组顺序表表示和三元组十字链表表示。

4.4.2　三元组的顺序表表示

在三元组的顺序表中，矩阵的非零元素的三元组按照在原矩阵中的位置以行优先的顺序依次存放，组成一个以三元组为元素的顺序表，此外还要存储原矩阵的行数、列数和非零元素个数。基于以上要求，下面给出稀疏矩阵的顺序表表示的定义。

```
#define MAXSIZE 256              // 设定非零元素个数的初始最大值
typedef int ElemType;           // 假设元素类型为整型
typedef struct
{
    int  i, j;                  // 数据所在的行、列值
    ElemType v;                 // 数据元素值
```

```
} Triple;                              // 三元组定义
typedef struct
{
    Triple arr[MAXSIZE];               // 非零元素三元组
    int Rows,Cols,Nums;                // 矩阵的行数、列数、非零元素个数
}SqSMatrix;                            // 稀疏矩阵的三元组顺序表示
```

基于该定义，下面讨论如何进行稀疏矩阵的转置。

例 4.1 稀疏矩阵的转置   稀疏矩阵的转置运算是一种最简单的矩阵运算。图 4.6c 中的矩阵 B 是矩阵 A（图 4.6a）的转置矩阵，这两个矩阵的相应三元组表分别如图 4.6b 和图 4.6c 所示。

$$\begin{bmatrix} 0 & 0 & 4 & 0 & 0 & 0 \\ 0 & 6 & 0 & 0 & 0 & 0 \\ 0 & 0 & 0 & 0 & 0 & 0 \\ 5 & 0 & 0 & 0 & 3 & 0 \\ 0 & 0 & 7 & 0 & 0 & 0 \end{bmatrix}_{5\times6}$$

行	列	值
0	2	4
1	1	6
3	0	5
3	4	3
4	2	7

$$\begin{bmatrix} 0 & 0 & 0 & 5 & 0 \\ 0 & 6 & 0 & 0 & 0 \\ 4 & 0 & 0 & 0 & 7 \\ 0 & 0 & 0 & 0 & 0 \\ 0 & 0 & 0 & 3 & 0 \\ 0 & 0 & 0 & 0 & 0 \end{bmatrix}_{6\times5}$$

行	列	值
0	3	5
1	1	6
2	0	4
2	4	7
4	3	3

a) 矩阵 A b) A.arr   c) 转置矩阵 B d) B.arr

图 4.6 用三元组表示的稀疏矩阵及其转置

从图中的 A.arr 三元组表计算 B.arr 三元组表一般有三种常用的方法。

1. 简单方法

把 A.arr 三元组表中行与列的内容互换，然后再按行号对新的三元组表中的各三元组从小到大进行稳定排序，就可以得到 B.arr 的三元组表，其操作为经典的排序算法，时间复杂度为 $O(A.Nums^2)$。

2. 列序遍历方法

其算法思想是按照 B.arr 中三元组的次序，在 A.arr 中找到相应的三元组进行转置。根据 B.arr 中三元组的行序，首先在 A.arr 中找到列号为 0 的三元组，将其转置并使之成为 B.arr 中行号为 0 的三元组，以此类推。假设稀疏矩阵 A 有 n 列，则相应地需要针对它的三元组表中的列项进行 n 趟扫描，第 k 趟扫描是在 A.arr 的 j 项中查找列号为 k 的三元组，若存在，则意味着这个三元组所表示的元素在稀疏矩阵 A 的第 k 列，需要把它存放到转置矩阵 B 的第 k 行。具体实现方法是：取出这个三元组，交换其 i（行号）与 j（列号）的内容，并连同 v 的值作为新三元组存放到转置矩阵的三元组表中，当 n 趟扫描完成时，转置完成。算法具体实现如下。

算法 4.1 列序遍历的转置方法

```
Status TransposeSMatrix( SqSMatrix A, SqSMatrix &B )
{
    // 将稀疏矩阵 A 转置，结果放在稀疏矩阵 B 中
    B.Rows = A.Cols;                   // 矩阵 B 的行数等于矩阵 A 的列数
    B.Cols = A.Rows;                   // 矩阵 B 的列数等于矩阵 A 的行数
    B.Nums = A.Nums;                   // 矩阵 B 的非零元素数等于矩阵 A 的非零元素数
```

```
        if ( A.Nums > 0 )
        {    // 若非零元素个数不为零
            q = 0;  //B.arr 的当前位置
            for( k=0; k<A.Cols;  k++)                 // 按列号对 A 进行 Cols 趟扫描
            {
                for( p=0; p<A.Nums; p++ )            // 每趟对 A 中的所有三元组进行扫描
                {
                    if ( A.arr[p].j == k )
                    {  // 若第 p 个三元组中元素的列号为 k
                        B.arr[q].i = A.arr[p].j;   // 新三元组中的行号
                        B.arr[q].j = A.arr[p].i;   // 新三元组中的列号
                        B.arr[q].v = A.arr[p].v;   // 新三元组中的值
                        q++;    // B.arr 的当前位置增加 1
                    } //end if  (A.arr[p].j==k)
                } //end for p
            } // end for k
        } //end if  ( A.Nums>0 )
        return OK;
} // TransposeSMatrix
```

不难看出，以上算法的时间复杂度为 $O(A.Cols \times A.Nums)$。显然，当矩阵 A 的列数较小时，该算法有一定的优势，当 A 的列数较大时，该算法的时间复杂度也会很高。

3. 快速转置法

沿着第二种方法的思路，思考能否在转置时，不是根据列号每次都遍历，而是只遍历整个三元组两次，就能直接将各三元组直接放到转置后的新位置。显然，可以在第一次遍历稀疏矩阵 A 的三元组时，统计出 A 中每列的三元组个数，即转置后稀疏矩阵 B 中每行的三元组个数。这样，就可以方便地得到转置后稀疏矩阵 B 中每行三元组的起始位置。在第二次遍历稀疏矩阵 A 的三元组时，每访问到一个三元组，就可以直接将其放到稀疏矩阵 B 中的相应位置。

为了能快速确定 A 中每个三元组在 B 中的位置，这里我们引入两个辅助数组。

（1）rowNum[col]：存放稀疏矩阵 A 各列的非零元素个数，也就是转置矩阵 B 各行的非零元素个数。具体做法是：先把这个数组清零，然后遍历矩阵 A 的三元组表，逐个取出三元组的列号 col，把以此列号为下标的辅助数组元素的值累加 1。

（2）rowStart[col]：存放转置矩阵 B 中各行三元组应存放的起始位置。显然有

rowStart[col] = 0 (col=0)

rowStart[col] = rowStart[col-1] + rowNum[col-1]（$1 \leqslant col \leqslant Cols$）

例如，对图 4.6a 所示的稀疏矩阵 A，事先计算的 rowNum 和 rowStart 如表 4.1 所示。

表 4.1　稀疏矩阵快速转置的辅助数组

col	0	1	2	3	4	5
rowNum	1	1	2	0	1	0
rowStart	0	1	2	4	4	5

具体来说，快速转置算法思想如下。

第 1 步：对稀疏矩阵 *A* 进行第一趟遍历，根据矩阵 *A* 的列号，统计 *A* 中各列非零元素的个数，即转置后各行非零元素个数。

第 2 步：根据第 1 步的统计结果，计算在转置矩阵 *B* 的三元组表中各行对应的起始位置。

第 3 步：对稀疏矩阵 *A* 的三元组表进行第二趟遍历，对每个三元组交换其行号和列号，并连同其值构成一个新的转置后的三元组。根据行号，按辅助数组所指示的位置，将该三元组直接放到转置矩阵 *B* 中对应的位置上，并将该行的位置指示值加 1，为放置该行下一个三元组做准备。

其算法实现如下：

算法 4.2　稀疏矩阵的快速转置方法

```
Status FastTransposeSMatrix( SqSMatrix A, SqSMatrix &B )
{    //将稀疏矩阵 A 转置，结果放在稀疏矩阵 B 中
    B.Rows = A.Cols;                    // 矩阵 B 的行数 = 矩阵 A 的列数
    B.Cols = A.Rows;                    // 矩阵 B 的列数 = 矩阵 A 的行数
    B.Nums = A.Nums;                    // 矩阵 B 的非零元素数 = 矩阵 A 的非零元素数
    if (A.Nums>0 )                      // 矩阵非零元素个数不为零
    {    // 第 1 步：统计 A 中每列非零元素个数
        for ( k=0; k<A.Cols; k++ )   rowNum[k]=0;    // rowNum 数组初始化清零
        for ( p=0; p<A.Nums; p++ )   rowNum[A.arr[p].j]++;   // 统计 A 中每列（即
B 中每行）非零元素个数
        // 第 2 步：计算 B 中每行三元组的起始位置
        rowStart[0]=0;
        for ( k=1; k<A.Cols; k++ )
            rowStart[k] = rowStart[k-1] + rowNum[k-1]; // 矩阵 B 每行三元组的起始位置
        // 第 3 步：遍历 A 的三元组，进行矩阵转置
        for ( p=0; p<A.Nums;  p++)
        {
            q = rowStart[A.arr[p].j];   // 取出 B 当前行的起始位置
            B.arr[q].i = A.arr[p].j;    // 新三元组中的行号
            B.arr[q].j = A.arr[p].i;    // 新三元组中的列号
            B.arr[q].v = A.arr[p].v;    // 新三元组中的值
            rowStart[ A.arr[p].j ]++;   // B 当前行的起始位置增加 1，为该行下一个三元组
的放入做准备
        } //end for
    } // end if ( A.Nums>0 )
    return OK;
} // FastTransposeSMatrix
```

显而易见，以上算法的时间复杂度为 $O(A.Cols+A.Nums)$。

4.4.3　三元组的十字链表表示

当稀疏矩阵的非零元素位置和个数在操作过程中变化较大时，就不适合采用顺序表示的方式存储三元组。例如对于矩阵相加，如果采用顺序表示的方式存储三元组，则非零

元素的插入和删除会引起顺序表中元素的大量移动,因此采用链式结构的三元组表示更为适合。

由于每个三元组包含了矩阵中非零元素的行、列信息,所以链式结构通常不是采用简单的单链表形式,而是采用包含行、列指针的十字链表,其中每个结点不仅存储非零元素的三元组,还包含两个指针。也就是说,每个结点有五个域:i、j、v 三个域表示三元组;right 域为指向同一行下一非零元素的指针;down 域为指向同一列下一非零元素的指针。同一行的三元组通过 right 指针形成一个单链表,同一列的三元组通过 down 指针形成一个单链表,整个稀疏矩阵构成一个十字交叉的链表,故称为**十字链表**。

例如,图 4.6a 中的稀疏矩阵 *A* 的十字链表表示如图 4.7 所示。

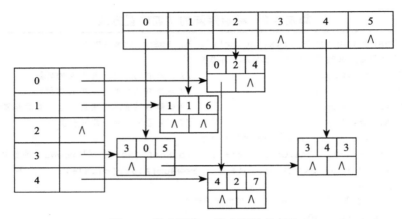

图 4.7 稀疏矩阵 *A* 的十字链表表示

4.5 广义表

顾名思义,广义表(generalized list)是线性表的推广。在人工智能领域使用的表处理语言 LISP 就是以广义表作为基本的数据结构,用其编写的程序也表示为一系列的广义表。

4.5.1 广义表的概念

广义表一般记为 GL=$(a_1, a_2, \cdots, a_n)$, $n \geq 0$。

其中 GL 是广义表 $(a_1, a_2, \cdots, a_n)$ 的名称,n 是广义表的长度。在线性表中,a_i 是单元素。在广义表中,a_i 既可以是单元素,也可以是广义表,它们分别称为广义表的原子和子表。显然,广义表的定义是递归的。

一般用大写字母表示广义表和子表,用小写字母表示原子。当广义表 GL 非空时,第一个元素 a_1 为 GL 的表头(head),其余元素组成的子表 $(a_2, \cdots, a_n)$ 称为 GL 的表尾(tail)。例如:

(1)*A*=()   *A* 是一个空表,其长度为 0。

(2)*B*=(*a*)   *B* 的长度为 1,元素为原子,已退化为一般的线性表。

（3）$C=(e,（a,b,c))$　　C 的长度为 2，第一个元素为原子，第二个元素为子表。

（4）$D=(A,B,C)$　　D 的长度为 3，三个元素都是子表，将三个子表代表的广义表代入后，可得 $D=((),(a),(e,(a,b,c)))$。

（5）$E=(a,E)$　　这是一个递归的广义表，它的长度为 2，是一个无限深度的广义表 $E=(a,(a,(a,\cdots)))$。

从定义和例子中可得出下列结论：

（1）广义表的元素既可以是原子，也可以是子表（广义表），子表的元素还可以是子表，因此广义表是有层次结构的。

（2）广义表可被其他广义表所共享，如 A、B、C 为广义表，且都是 D 的子表。

（3）广义表可以是一个递归的表。

如果用○表示原子，用□表示广义表，则可以用图形形象地表示广义表。如图 4.8 所示，它清楚地表示出广义表的层次结构。

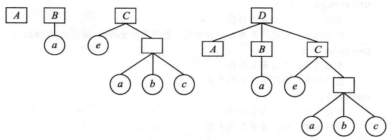

图 4.8　广义表的图形表示

取表头（GetHead）、取表尾（GetTail）是广义表的主要操作。根据上述对广义表的表头、表尾的定义可知：任何一个非空广义表，其表头既可能是原子，也可能是子表，其表尾一定是广义表。例如：

GetHead(B) = a

GetTail(B) = ()

GetHead(D) = A

GetTail(D) =　(B,C)

GetHead(GetTail(D)) = B

GetTail(GetTail(D))　= (C)

4.5.2　广义表的抽象数据类型

广义表的抽象数据类型定义如下。

```
ADT GList
{
        数据对象: D={eᵢ|i=1,2,…,n;n>=0;eᵢ ∈ AtomSet 或 eᵢ ∈ GList,AtomSet 为某个数据对象 }
        数据关系: R={< eᵢ₋₁ , eᵢ >| eᵢ₋₁, eᵢ ∈ D, i=2,…,n }
        基本操作:
        //1. 初始化和销毁操作
```

```
InitGList( &L )
        初始条件：无
        操作结果：创建空的广义表 L
CreateGList( &L, S )
        初始条件：S 是广义表的书写形式串
        操作结果：由 S 创建广义表 L
DestroyGList( &L )
        初始条件：广义表 L 存在
        操作结果：销毁广义表 L
//2．访问型操作
GListLength( L )
        初始条件：广义表 L 存在
        操作结果：求广义表 L 的长度，即第一层的元素个数
GListDepth( L )
        初始条件：广义表 L 存在
        操作结果：求广义表 L 的深度
GListEmpty( L )
        初始条件：广义表 L 存在
        操作结果：判定广义表 L 是否为空，是空返回 TRUE，否则返回 FALSE
GetHead ( L )
        初始条件：广义表 L 存在
        操作结果：取广义表 L 的表头
GetTail( L )
        初始条件：广义表 L 存在
        操作结果：取广义表 L 的表尾
TraverseGList( L )
        初始条件：广义表 L 存在
        操作结果：从广义表的第一个元素开始，依次访问并输出数据元素
//3．加工型操作
CopyGList( &T, L )
        初始条件：广义表 L 存在
        操作结果：复制广义表 L 得到广义表 T
InsertFirstGList( &L, e )
        初始条件：广义表 L 存在
        操作结果：插入元素 e 作为广义表 L 的第一个元素
DeleteFirstGList( &L, &e )
        初始条件：广义表 L 存在
        操作结果：删除广义表 L 的第一个元素，并用 e 返回其值
} // ADT GList
```

4.5.3　广义表的存储结构

　　由于广义表中的元素既可以是原子，也可以是广义表，两者结构不同、大小不一，且难以用顺序结构存储，因此通常采用链式结构表示广义表。根据不同的信息存储方式，广义表的链式存储通常可采取两种不同的方式。无论采取什么方式，结点必须设计成两种类型：表结点和原子结点。

　　1. 层次结构

　　层次结构考虑存储广义表的层次信息。在层次结构的链式存储中，表结点设有两个

指针域（next, down）。next 指向同一层的下一个元素，down 指向下一层子表的第一个元素；原子结点不存在下一层次，因此只有一个 next 指针域指向同一层的下一个元素。两者用标志位 1 和 0 来区分。如图 4.9 所示，这种存储方式具有明显的层次结构，因此适用于有层次要求的操作。

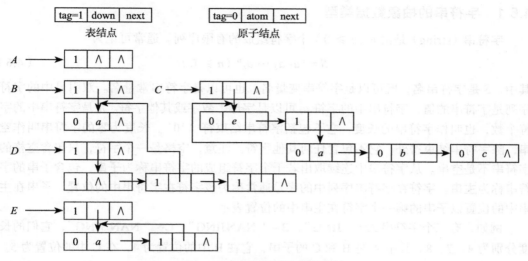

图 4.9　广义表的层次结构存储

2. 表头表尾结构

表头表尾结构考虑存储广义表的表头和表尾信息。在表头表尾结构中，表结点设有两个指针域（head, tail），head 指向广义表的表头元素，tail 指向广义表的表尾；原子结点不设指针域，只存储元素值。两者用标志位 1 和 0 区别。如图 4.10 所示，在这种存储方式中，方便对广义表的表头表尾进行操作。

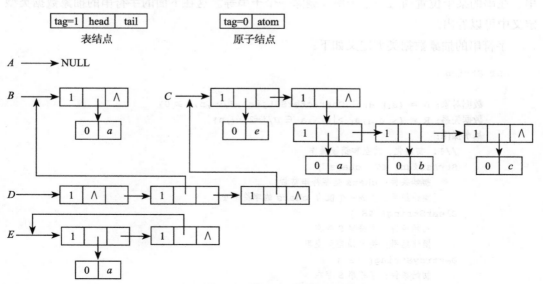

图 4.10　广义表的表头表尾结构存储

4.6 字符串

字符串在计算机信息处理中有广泛的应用，例如在计算机中使用最多的 Microsoft Word 软件，其主要功能——字符编辑就是以字符串结构处理的。

4.6.1 字符串的抽象数据类型

字符串（string）是由 n（$n \geqslant 0$）个字符组成的有限序列。通常可记为

$$S = "a_1 a_2 \cdots a_n" \, (n \geqslant 0) \tag{4.6}$$

其中，S 是**字符串名**，既可以是字符串变量名，也可以是字符串常量名。双引号中的字符序列是字符串的**值**，字符串中的字符 a_i 可以是字母、数字或其他字符。n 是字符串中的字符个数，也叫作字符串的**长度**，它不包括字符串结束符 '\0'。长度为零的字符串叫作**空串**，除字符串结束符外，它不包含任何其他字符。注意，空格是一个字符，只包含空格的字符串不是空串。从字符串中连续取出若干个字符组成的字符串称为**子串**，包含子串的字符串称为**主串**。字符在字符串序列中的序号通常称为该字符在字符串中的**位置**，子串在主串中的位置以子串的第一个字符在主串中的位置表示。

例如，有三个字符串 A="JING"、B="NANJING"、C="NAN JING"，它们的长度分别为 4、7、8。其中 A 是 B 和 C 的子串，它在 B 中的位置为 4，在 C 中的位置为 5。

可以对两个字符串进行比较操作。若两个字符串长度相等且对应位置的字符也相等，则称两个字符串相等，否则不相等。可以以字典排序的方法确定两个字符串的大小。

字符串虽然可以看成是一个由字符组成的线性表，但与一般的线性表有很大的区别。在一般线性表的基本操作中，大多以"单个元素"作为操作对象，例如在线性表中查找某个元素、求取某个元素、在某个位置插入一个元素及删除一个元素等；而在字符串的基本操作中，通常以"串的整体"作为操作对象，例如在字符串中查找某个子串、求取一个子串、在串的某个位置插入一个子串及删除一个子串等。这在下面的字符串的抽象数据类型定义中可以看出。

字符串的抽象数据类型定义如下：

```
ADT String
{
    数据对象: D = {aᵢ| aᵢ ∈ CharacterSet,i=1,2,…,n,n ≥ 0}
    数据关系: R = {< aᵢ₋₁,aᵢ >|aᵢ₋₁,aᵢ ∈ D,i=2,…,n}
    基本操作:
        //1. 初始化、清空和销毁操作
        StrAssign( &T, chars )
            初始条件: chars 是字符串常量
            操作结果: 生成一个值为 chars 的字符串 T
        ClearString( &S )
            初始条件: 字符串 S 存在
            操作结果: 将 S 清空为空串
        DestroyString( &S )
            初始条件: 字符串 S 存在
            操作结果: 字符串 S 被销毁
```

//2. 访问型操作

StrEmpty(S)

  初始条件：字符串 S 存在

  操作结果：若 S 为空串，则返回 TRUE，否则返回 FALSE

StrCompare(S, T)

  初始条件：字符串 S 和 T 存在

  操作结果：若 S>T，则返回值大于 0；若 S=T，则返回值等于 0；若 S<T，则返回值小于 0

StrLength(S)

  初始条件：字符串 S 存在

  操作结果：返回 S 的元素个数，即字符串的长度

SubString(&Sub, S, pos, len)

  初始条件：字符串 S 存在，$1 \leqslant pos \leqslant StrLength(S)$ 且 $0 \leqslant len \leqslant StrLength(s)-pos+1$

  操作结果：用 Sub 返回字符串 S 从第 pos 个字符起长度为 len 的子串

Index(S, T, pos)

  初始条件：字符串 S 和 T 存在且都是非空串，$1 \leqslant pos \leqslant StrLength(S)$

  操作结果：若主串 S 中存在和串 T 的值相同的子串，则返回它在主串 S 中第 pos 个字符之后第一次出现的位置；否则返回 0

//3. 加工型操作

StrCopy(&T, S)

  初始条件：字符串 S 存在

  操作结果：由字符串 S 复制得字符串 T

Concat(&T, S1, S2)

  初始条件：串 S1 和 S2 存在

  操作结果：T 为由 S1 和 S2 连接而成的新串，返回 T

Replace(&S, T, V)

  初始条件：字符串 S、T、V 存在，且 T 是非空串

  操作结果：用 V 替换主串 S 中出现的所有与 T 相等的不重叠的子串

StrInsert(&S, pos, T)

  初始条件：字符串 S 和 T 存在，$1 \leqslant pos \leqslant StrLength(S)+1$

  操作结果：在字符串 S 的第 pos 个字符之前插入字符串 T

StrDelete(&S, pos, len)

  初始条件：字符串 S 存在，$1 \leqslant pos \leqslant StrLength(S)-len+1$

  操作结果：从字符串 S 中删除从第 pos 个字符起长度为 len 的子串

} // ADT String

  字符串的基本操作可以有不同的定义方法，高级程序设计语言中的字符串操作也给出了针对字符串的基本操作。在上述抽象数据类型定义的 13 种操作中，字符串赋值 StrAssign、字符串比较 StrCompare、求字符串长 StrLength、串连接 Concat、求子串 SubString 这 5 种操作构成了串类型的最小操作子集。

4.6.2　字符串的存储结构与子串定位

  由于字符串操作的特点，字符串在实际应用中基本上都是采用顺序存储结构，因为这种结构适合对整个字符串或子串进行操作。字符串的顺序存储结构是用一组连续的存储单元存放字符串的字符序列，它们的存储空间可以在程序中静态分配（如 C 语言中的字符型数组），也可以动态分配（如 C 语言中的字符串类型）。下面以子串定位 Index(S, T, pos) 为例，说明顺序存储字符串的基本操作。

算法 4.3   子串定位算法

```
int Index( string S, string T, int pos)
{   // 若 T 是 S 的子串，则返回其在 S 的 pos 个字符之后第一次出现的位置；否则返回 0
    k=pos-1; i=k; j=0;
    while( S[i]!='\0'&& T[j]!='\0' )
    {
        if ( S[i]== T[j] )  { i++; j++; } // 字符相等，继续匹配下一字符
        else { k++; i=k;   j=0; }         // 字符不等，从主串的下一位置开始匹配
    }
    if ( T[j]=='\0' ) return k+1;         // 匹配成功
    else return 0;                        // 匹配不成功
} // Index
```

4.7   小结

本章讨论了数组、广义表和字符串，包括其抽象数据类型的描述、相应的存储表示与实现，以及相关的应用举例。

数组部分重点讨论了特殊矩阵的压缩存储和一般稀疏矩阵的三元组表示方法。特殊矩阵，例如对称矩阵、三角矩阵、对角矩阵等，可通过建立矩阵的行、列值与一维数组下标的映射关系，将原来的二维数组存储变换为一维数组的压缩存储。一般稀疏矩阵的三元组表示，可结合不同的应用场景，选择采用顺序存储或者链式存储，相应算法的设计需要考虑尽可能减少三元组的遍历次数。

广义表部分重点介绍了线性结构在深度层次上的拓展，其数据元素既可以是原子，也可以是广义表。类似的数据结构递归定义方法将在后续的树和二叉树结构部分进一步讨论。

字符串操作与一般线性表操作的不同是，常将字符串的部分或整体作为操作对象，而不是以单个字符元素为操作对象。

4.8   练习

1. 分析以逆对角线为界的左上三角矩阵和右下三角矩阵的压缩存储的地址计算方法。

2. 试将稀疏矩阵 A 的非零元素表示成三元组的顺序存储和十字链表存储的形式。

$$A = \begin{bmatrix} -7 & 0 & 0 & 10 & 15 \\ 0 & 11 & 3 & 0 & 0 \\ 0 & 0 & 0 & -5 & 0 \\ 0 & 0 & 0 & 0 & 0 \\ 0 & 0 & 14 & 0 & 0 \end{bmatrix}$$

3. 试设计一算法，将十字链表表示的稀疏矩阵中的非零元素用顺序存储的三元组形式输出。

4. 设稀疏矩阵分别用三元组顺序和链式结构存储，设计算法实现 $A+B$ 运算，并分析各自

的时间复杂度。

5. 设有一个三对角矩阵（如图 4.4 所示），k 为压缩存储一维数组中某元素的序号，求该元素在矩阵中的下标 i 和 j。

6. 试设计一个稀疏矩阵非零元素表示的变换算法，将输入的三元组顺序存储变换成十字链表形式并输出。

7. 若矩阵 $A[m][n]$ 中的某个元素 a_{ij} 是第 i 行的最小值，又是第 j 列的最大值，则称此元素为该矩阵的鞍点。设计一个算法，求矩阵的鞍点位置，并分析算法的时间复杂度。

8. 编写函数 Replace(String &s, String t, String v)，将字符串 s 的所有子串 t 用字符串 v 替换。

9. 求下列广义表的运算结果。

   (a) GetHead $((x, y, z))$

   (b) GetTail $((x, y, z))$

   (c) GetHead $(((a, b),(x, y)))$

   (d) GetTail $(((a, b),(x, y)))$

   (e) GetHead (GetTail $(((a, b),(x, y))))$

   (f) GetTail (GetTail $(((a, b),(x, y))))$

   (g) GetHead (GetTail (GetTail $(((a, b),(x, y)))))$

10. 设广义表 $A=((a, b),(), c,(d,(e, f)))$，求表头、表尾，并画出两种存储结构示意图。

第5章 树和二叉树

5.1 引言

树形结构是一种典型的非线性数据结构，用它来描述客观世界中类似人类家庭族谱、单位各个分属部门等具有分支以及上下层次关系的结构非常方便。在计算机领域中，包括 UNIX 在内的许多常用操作系统的目录也使用树形结构。

树形结构的特点是，在数据元素的非空有限集合中：

（1）存在唯一一个被称为"根结点"的数据元素；

（2）存在若干个被称为"叶结点"（或终止结点）的数据元素；

（3）除根结点外，集合中每个元素均只有一个前驱；

（4）除叶结点外，集合中每个元素可以有若干个后继。

与数据之间存在一对一关系的线性结构相比，树形结构是一对多的非线性关系，即一个前驱可以对应多个后继。树形结构中最为常用的是二叉树，因此本章将重点讨论二叉树的逻辑表示、存储结构、常用操作，以及与树和森林之间的转换关系。

5.2 树的定义和基本术语

5.2.1 树的定义

定义树的一种自然的方式是递归。一棵**树**（tree）是 n（$n \geq 0$）个结点的有限集 T。若 $n=0$，则这个集合是空集；若 $n > 0$，则树由称为**根**（root）的结点以及 m（$m \geq 0$）个互不相交的有限子集 $\{T_1, T_2, \cdots, T_m\}$ 组成。每一个子集本身又是一棵符合本定义的树，叫作根结点的**子树**。每一棵子树的根叫作根 r 的**孩子**（child），而 r 是每一棵子树的根的**双亲**（parent）。图 5.1 展示了用递归定义的典型的树。

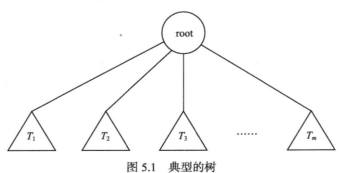

图 5.1 典型的树

由此可见，树的定义是递归的，因为在树的定义中又用到了树的定义本身，即一棵树由若干子树构成，而子树又由更小的若干子树构成……因此树特别适合用来表示具有层次关系的数据结构。

从递归定义中可以发现，一棵树是 n 个结点和 $n-1$ 条边的集合，其中的一个结点是根。存在 $n-1$ 条边的结论是由下面的事实得出的——每条边都将某个结点连接到它的双亲，而除去根结点外每个结点都有一个双亲，如图 5.2 所示。

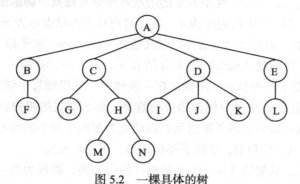

图 5.2　一棵具体的树

5.2.2　树的逻辑表示

树的逻辑表示方法有多种，常见的逻辑表示方法如下：

（1）树形表示法：用圆圈表示结点，圆圈内的符号表示该结点的数据信息，结点之间的关系通过连线表示，如图 5.2 所示。

（2）文氏图表示法：每棵树对应一个圆圈，圆圈内包含表示根和子树的圆圈，各个子树对应的圆圈不能相交，如图 5.3a 表示的图 5.2 中的树。

（3）凹入表示法：每棵树的根对应一个条形，子树的根对应较短条形；同一个根下的各个子树的根对应的条形长度一致，如图 5.3b 表示的图 5.2 中的树。

（4）括号表示法：每棵树对应一个由根作为名字的表，表是由一个括号里的各个子树对应的子表构成，子表之间用逗号分开，如图 5.3c 表示的图 5.2 中的树。

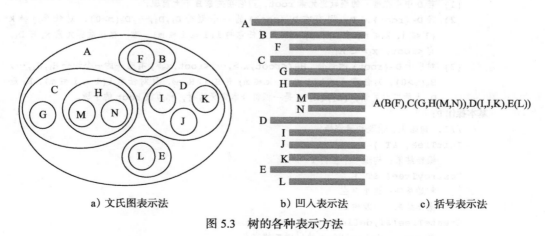

a）文氏图表示法　　　　　b）凹入表示法　　　　　c）括号表示法

图 5.3　树的各种表示方法

5.2.3 树的基本术语

在图 5.2 的树中，结点 A 是**根**。结点 D 有一个双亲 A 并且有三个孩子 I、J 和 K。每一个结点可以有任意多个孩子，也可以没有孩子。**结点的度**（degree）是指结点具有的子树（孩子）的个数。例如，结点 D 的度为 3，结点 E 的度为 1。度为 0 的结点称为**叶**（leaf）**结点**，也叫作**终止结点**；反之，度不为 0 的结点叫作**分支结点**。**树的度**定义为树中结点的度的最大值，例如，图 5.2 中树的度为 4。具有相同双亲的结点称为**兄弟**（brother）**结点**，因此 I、J 和 K 是兄弟。用类似的方法可以定义**祖先**（ancestor）和**子孙**（descendant）关系。

从结点 n_1 到 n_k 的**路径**（path）定义为结点 n_1，n_2，$\cdots$，n_k 的一个序列，使得对于 $1 \leqslant i < k$，结点 n_i 是 n_{i+1} 的双亲。注意，在一棵树中，从根到每个结点都存在一条路径。**路径长度**（length）就是指路径中包含的边的数量。那么结点的**祖先**就是从根到该结点路径上经过的所有结点；而结点的**子孙**就是以该结点为根的子树中的所有结点。例如，在图 5.2 中，M 的祖先是 A、C 和 H，C 的子孙包括 G、H、M 和 N。

对于任意结点 n_i，其**层次**（level）是从根开始定义的，即根为第一层，根的孩子是第二层，以此类推。树中结点所在的最大层次称为树的**深度**（depth）**或高度**，图 5.2 中的树的高度为 4。

森林（forest）是 m（$m \geqslant 0$）棵互不相交的树的集合。对树中的每个结点而言，其子树的集合即可视为森林。例如，在图 5.2 中，根结点 A 下有由 4 棵子树构成的森林。

5.2.4 树的抽象数据类型

上述对树的定义和对树的一组基本操作构成了树的抽象数据类型定义。

```
ADT Tree
{
    数据对象 D：D 是具有相同特性的数据元素的集合
    数据关系 R：若 D 为空集，则为空树；
        若 D 仅含一个数据元素，则 R 为空集，否则 R={H}，H 是如下的二元关系：
        (1) 若 D 中存在唯一的根数据元素 root，则它在关系 H 下无前驱；
        (2) 若 D-{root} ≠ Ø，则存在 D-{root} 的一个划分 D₁,D₂,…,Dₘ(m>0)，对任意 j ≠ k
            (1 ≤ j, k ≤ m) 有 Dⱼ ∩ Dₖ=Ø，且对任意的 i(1 ≤ i ≤ m)，唯一存在数据元素 xᵢ ∈ Dᵢ，
            有 <root, xᵢ> ∈ H；
        (3) 对应于 D-{root} 的划分，H-{<root,x₁>,…,<root,xₘ>} 有唯一的一个划分 H₁,H₂,…,
            Hₘ(m>0)，对任意 j ≠ k(1 ≤ j, k ≤ m) 有 Hⱼ ∩ Hₖ=Ø，且对任意 i(1 ≤ i ≤ m)，Hᵢ 是
            Dᵢ 上的二元关系，(Dᵢ,{Hᵢ}) 是一棵符合本定义的树，称为根 root 的子树。
    基本操作 P：
    //1. 初始化、销毁和清空操作
    InitTree( &T )
        操作结果：构造一个空树 T
    DestroyTree( &T )
        初始条件：树 T 存在
        操作结果：销毁树 T
    CreateTree(&T,definition)
        初始条件：definition 给出树 T 的定义
        操作结果：按 definition 构造树 T
```

ClearTree(&T)

　　　初始条件：树 T 存在

　　　操作结果：将树 T 重置为空树

//2. 访问型操作

TreeEmpty(T)

　　　初始条件：树 T 存在

　　　操作结果：若树 T 为空树，则返回 TRUE，否则返回 FALSE

TreeDepth(T)

　　　初始条件：树 T 存在

　　　操作结果：返回 T 的深度

Root(T)

　　　初始条件：树 T 存在

　　　操作结果：返回 T 的根

Value(T, cur_p, &e)

　　　初始条件：树 T 存在，cur_p 是 T 中某个结点的指针

　　　操作结果：返回 cur_p 对应结点的元素值

Parent(T, cur_p, &parent)

　　　初始条件：树 T 存在，cur_p 是 T 中某个结点的指针

　　　操作结果：若 cur_p 非 T 的根结点指针，则返回它的双亲结点指针，否则返回值为空

LeftChild(T, cur_p, &leftChild)

　　　初始条件：树 T 存在，cur_p 是 T 中某个结点的指针

　　　操作结果：若 cur_p 是 T 的非叶结点指针，则返回它的最左孩子指针，否则返回值为空

RightBrother(T, cur_p, &rightBrother)

　　　初始条件：树 T 存在，cur_p 是 T 中某个结点的指针

　　　操作结果：若 cur_p 指向的结点有右兄弟，则返回它的第一个右兄弟指针，否则返回值为空

TraverseTree(T)

　　　初始条件：树 T 存在

　　　操作结果：按某种次序对 T 的每个结点访问（打印）一次且至多一次，

　　　　　　　　一旦 visit() 失败，则操作失败

//3. 加工型操作

Assign(&T, cur_p, value)

　　　初始条件：树 T 存在，cur_p 是 T 中某个结点指针

　　　操作结果：将结点 cur_p 的元素赋值为 value

InsertChild(&T, &p, i, c)

　　　初始条件：树 T 存在，p 指向 T 中某个结点，$1 \leq i \leq p$ 所指结点的度加 1，非空树 c 与 T 不相交

　　　操作结果：插入 c 作为 T 中 p 指向结点的第 i 棵子树

DeleteChild(&T, &p, i)

　　　初始条件：树 T 存在，p 指向 T 中某个结点，$1 \leq i \leq p$ 所指结点的度

　　　操作结果：删除 T 中 p 指向结点的第 i 棵子树

} // ADT Tree

5.3　二叉树

5.3.1　二叉树的定义

　　二叉树（binary tree）是一种每个结点最多只能有两个孩子的树。二叉树有 5 种基本形态，如图 5.4 所示，任何复杂的二叉树都是这 5 种基本形态的复合。其中图 5.4a 是空

树，图 5.4b 是仅有根结点的二叉树，图 5.4c 是仅有左子树（右子树为空）的二叉树，图 5.4d 是仅有右子树（左子树为空）的二叉树，图 5.4e 是左右子树都不空的二叉树。5.2 节中引入的有关树的基本术语也都适用于二叉树。

a) 空树　　b) 仅有根结点　　c) 仅有左子树　　d) 仅有右子树　　e) 既有左子树也有右子树

图 5.4　二叉树的 5 种基本形态

在一棵二叉树中，若所有分支结点的度均为 2，并且所有的叶子结点都集中出现在二叉树的最底层，则这样的二叉树称为**满二叉树**，如图 5.5a 所示的就是一棵满二叉树。

若二叉树中度小于 2 的结点只能出现在树的最下面两层，而且最底层的叶结点都依次排列在该层最左边的位置上，则这样的二叉树称为**完全二叉树**，如图 5.5b 所示的就是一棵完全二叉树，完全二叉树中结点的编号与满二叉树结点编号一一对应。不难看出，满二叉树是完全二叉树的一种特例。

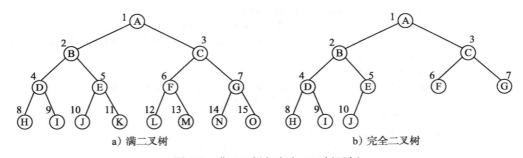

a) 满二叉树　　　　　　　　　　　　　　b) 完全二叉树

图 5.5　满二叉树与完全二叉树示例

5.3.2　二叉树的抽象数据类型

类似于树，二叉树的抽象数据类型定义如下：

```
ADT BinaryTree
{
    数据对象 D：D 是具有相同特性的数据元素的集合
    数据关系 R：
        若 D=∅，则 R=∅，该二叉树为空树；
        若 D≠∅，则 R={H}，H 是如下二元关系：
        （1）若 D 中存在唯一的根数据元素 root，则它在关系 H 下无前驱
        （2）若 D-{root}≠∅，则存在 D-{root}={D₁,Dᵣ}，且 D₁ ∩ Dᵣ=∅
        （3）若 D₁≠∅，则 D₁ 中存在唯一的元素 x₁，<root,x₁> ∈ H，且存在 D₁ 上的关系 H₁⊂H；若
            Dᵣ≠∅，则 Dᵣ 中存在唯一的元素 xᵣ，<root,xᵣ> ∈ H，且存在 Dᵣ 上的关系 Hᵣ⊂H；H=
            {<root,x₁>,<root,xᵣ>,H₁,Hᵣ}
```

（4）(D_1, {H_1}) 是一棵符合本定义的二叉树，称为根的左子树，(D_r, {H_r}) 是一棵符合本定义的二叉树，称为根的右子树

基本操作 P:

//1．初始化和销毁操作

InitBiTree(&T)

　　操作结果：构造一个空二叉树 T

DestroyBiTree(&T)

　　初始条件：二叉树 T 存在

　　操作结果：销毁二叉树 T

CreateBiTree(&T, definition)

　　初始条件：definition 给出二叉树 T 的定义

　　操作结果：按 definition 构造二叉树 T

//2．访问型操作

BiTreeEmpty(T)

　　初始条件：二叉树 T 存在

　　操作结果：若二叉树 T 为空树，则返回 TRUE，否则返回 FALSE

BiTreeDepth(T)

　　初始条件：二叉树 T 存在

　　操作结果：返回二叉树 T 的深度

Root(T, &e)

　　初始条件：二叉树 T 存在

　　操作结果：返回二叉树 T 的根的元素值

Value(T, cur_p, &e)

　　初始条件：二叉树 T 存在，cur_p 是 T 中某个结点指针

　　操作结果：返回 cur_p 指向的结点的值 e

Parent(T, cur_p, &parent)

　　初始条件：二叉树 T 存在，cur_p 是 T 中某个结点指针

　　操作结果：若 cur_p 非 T 的根结点，则返回它的双亲指针，否则返回值为空

LeftChild(T, cur_p, &leftChild)

　　初始条件：二叉树 T 存在，cur_p 是 T 中某个结点指针

　　操作结果：返回 cur_p 的左孩子指针，若没有左孩子，则返回值为空

RightChild(T, cur_p, &rightChild)

　　初始条件：二叉树 T 存在，cur_p 是 T 中某个结点指针

　　操作结果：返回 cur_p 的右孩子，若没有右孩子，则返回值为空

LeftBrother(T, cur_p, &leftBrother)

　　初始条件：二叉树 T 存在，cur_p 是 T 中某个结点指针

　　操作结果：返回 cur_p 的左兄弟，若没有左兄弟，则返回值为空

RightBrother(T, cur_p, &rightBrother)

　　初始条件：二叉树 T 存在，cur_p 是 T 中某个结点指针

　　操作结果：返回 cur_p 的右兄弟，若没有右兄弟，则返回值为空

PreOrderTraverse(T)

　　初始条件：二叉树 T 存在

　　操作结果：先序遍历 T，对每个结点访问（打印）一次且仅一次

InOrderTraverse(T)

　　初始条件：二叉树 T 存在

　　操作结果：中序遍历 T，对每个结点访问（打印）一次且仅一次

PostOrderTraverse(T)

　　初始条件：二叉树 T 存在

操作结果：后序遍历 **T**，对每个结点访问（打印）一次且仅一次

  LevelOrderTraverse(T)

   初始条件：二叉树 **T** 存在

   操作结果：层次遍历 **T**，对每个结点访问（打印）一次且仅一次

//3. 加工型操作

Assign(&T,&cur_p,value)

   初始条件：二叉树 **T** 存在，**cur_p** 是 **T** 中某个结点指针

   操作结果：将 **cur_p** 结点元素赋值为 **value**

InsertChild(&T, cur_p, LR, c)

   初始条件：二叉树 **T** 存在，**cur_p** 指向 **T** 中某个结点，**LR** 为 0 或 1，非空二叉树 **c** 与 **T** 不相交且右子树为空

   操作结果：根据 **LR** 为 0 或 1，插入 **c** 作为 **T** 中 **cur_p** 指向结点的左子树或右子树。**cur-p** 所指结点的原有左子树或右子树则成为 **c** 的右子树

DeleteChild(&T, cur_p, LR)

   初始条件：二叉树 **T** 存在，**cur_p** 指向 **T** 中某个结点，**LR** 为 0 或 1

   操作结果：根据 **LR** 为 0 或 1，删除 **T** 中 **cur_p** 指向结点的左子树或右子树

} // ADT BinaryTree

5.3.3 二叉树的性质

  性质 1 在二叉树的第 i 层上至多有 2^{i-1} 个结点（$i \geqslant 1$）。

  证明：利用归纳法可以证明此性质。

  当 $i=1$ 时，只有一个根结点，显然 $2^{i-1}=2^0=1$ 是成立的；

  现在假定对所有 j，$1 \leqslant j < i$，命题成立，即第 j 层上至多有 2^{j-1} 个结点，即可证明 $j=i$ 时命题也成立。

  由归纳假设：第 $i-1$ 层上至多有 2^{i-2} 个结点。由于二叉树的每个结点的度至多为 2，故第 i 层的最大结点数为第 $i-1$ 层的最大结点数的 2 倍，即 $2 \times 2^{i-2}=2^{i-1}$。得证。

  性质 2 深度为 k 的二叉树最多包含 2^k-1 个结点（$k \geqslant 1$）。

  证明：由性质 1 可见，深度为 k 的二叉树包含的最大结点数为

$$\sum_{i=1}^{k}(\text{第 } i \text{ 层的最大结点数})= \sum_{i=1}^{k} 2^{i-1} = 2^k - 1$$

  性质 3 对任意一棵二叉树 T，如果其叶结点（终端结点）数为 n_0，度为 2 的结点数为 n_2，则 $n_0=n_2+1$。

  证明：假设二叉树 T 中度为 1 的结点数为 n_1，结点总数为 n，则有

$$n = n_0 + n_1 + n_2 \tag{5.1}$$

  再来看二叉树的分支数，根据 5.2 节中树的定义可知，包含 n 个结点的树中一定存在 $n-1$ 个分支，也就是除了根结点，每个结点都通过一个分支"挂"在二叉树上。同时，我们知道，度为 0 的结点下面没有分支，度为 1 的结点下面有一个分支，度为 2 的结点下面有 2 个分支。因此

$$n -1 = 0 \times n_0 + 1 \times n_1 + 2 \times n_2 \tag{5.2}$$

根据式（5.1）与式（5.2）可得

$$n_0 = n_2 + 1 \qquad\qquad (5.3)$$

性质 4   具有 n 个结点的完全二叉树的深度为 $\lfloor \log_2 n \rfloor + 1$。

证明：假设完全二叉树的深度为 k，则根据二叉树的性质 2 和完全二叉树的定义，有

$$2^{k-1} - 1 < n \leqslant 2^k - 1, \text{ 即 } 2^{k-1} \leqslant n < 2^k$$

于是 $k-1 \leqslant \log_2 n < k$，即 $\log_2 n < k \leqslant \log_2 n + 1$，因为 k 只能取整数，所以 $k = \lfloor \log_2 n \rfloor + 1$。

性质 5   如果对一棵包含 n 个结点的完全二叉树的所有结点，按照层次从上到下、每层从左到右的顺序编号（如图 5.5b 所示），则对任一结点 i（$1 \leqslant i \leqslant n$），有

（1）若 $i = 1$，则结点 i 是二叉树的根，无父结点；若 $i > 1$，则其双亲是结点 $\lfloor i/2 \rfloor$。

（2）若 $2i > n$，则结点 i 没有左孩子，且结点 i 为叶结点；否则结点 i 的左孩子就是 $2i$。

（3）若 $2i + 1 > n$，则结点 i 没有右孩子；否则结点 i 的右孩子就是 $2i + 1$。

证明：只要先证明（2）和（3），便可推导出（1）。

对于 $i = 1$，根据完全二叉树的定义，其左孩子结点必然是 2。如果 $n < 2$，即不存在 2 号结点，说明结点 i 没有左孩子；结点 i 的右孩子只能是 3，若 $n < 3$，说明 3 号结点不存在，此时结点 i 则没有右孩子。

对于 $i > 1$，可以这样讨论：

- 假设第 j 层的第 1 个结点编号为 i，根据二叉树的定义及性质 2 可知 $i = 2^{j-1}$，则其左孩子必为第 $j+1$ 层的第一个结点。$j+1$ 层的第一个结点编号应该为 $2^j = 2 \times 2^{j-1} = 2i$，若 $2i > n$，则其没有左孩子；其右孩子必然是 $j+1$ 层的第 2 个结点，编号为 $2i+1$，若 $2i + 1 > n$，则说明右孩子不存在。

- 由上可知，假设第 j 层的第 2 个结点编号为 $i+1$，其左孩子必为第 $j+1$ 层的第 3 个结点 $2i + 2 = 2(i+1)$，右孩子必为第 $j+1$ 层的第 4 个结点 $2i + 3 = 2(i+1) + 1$。以此类推，即可得到完全二叉树中结点及其左、右孩子之间的关系。

5.3.4   二叉树的存储结构

5.3.4.1   二叉树的顺序存储

二叉树的顺序存储就是用一组连续的存储单元来存放二叉树的数据元素。首先要对树中的每个结点进行编号，编号顺序就是结点在顺序表中的存储顺序。编号的方法是：按照完全二叉树的形式，根结点的编号为 1，然后按照层次从上到下、每层从左到右的顺序对每个结点进行编号。当某结点是编号为 i 的结点的左孩子时，它的编号应为 $2i$，当它是右孩子时编号则为 $2i + 1$。二叉树的顺序存储结构的类型定义如下。

二叉树的顺序存储表示：

```
#define MAX_TREE_SIZE  256          //二叉树的最大结点数
typedef TElem SqBiTree[MAX_TREE_SIZE];    // 根结点存储在 1 号单元
```

```
SqBiTree bt;
```

例如，图 5.5b 所示的完全二叉树的顺序存储结构如下：

而对于非完全二叉树，在采用顺序存储时，首先将其按照完全二叉树的形式补全，然后进行编号，其对应的顺序存储结构（其中 # 表示空）如图 5.6 所示。

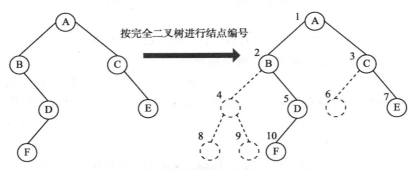

图 5.6　二叉树顺序存储编号示意图

在二叉树的顺序存储结构中，根据二叉树的性质 5 可得，若已知一个结点的编号（顺序存储位置），就能够很方便地找到其双亲和孩子结点。但该存储结构不适合结点的删除和插入，也就是说不适合结点出现动态变化的情况。此外，用顺序结构存储非完全二叉树时，顺序表中会出现很多空闲的位置。

5.3.4.2　二叉树的链式存储

二叉树的链式存储就是二叉树中的每个结点都用链表中的一个链结点来存储。不同的结点结构可构成不同形式的链式结构。

根据二叉树的定义可知，二叉树的一个结点由一个数据元素和分别指向其左、右孩子的两个分支构成，那么用来表示二叉树结点的链结点至少应该包含 3 个域：数据域和左、右指针域，如图 5.7a 所示。这种存储结构称为**二叉链表**，如图 5.8 所示，链表的头指针指向二叉树的根结点。有时，为了便于找到结点的双亲，还可以在结点中增加一个指向其父结点的域，如图 5.7b 所示，这种存储结构称为**三叉链表**。

图 5.7　二叉树的链式存储结构

二叉树的二叉链表存储表示：

```
typedef struct BiTNode
{
    TElemType           data;            // 数据元素
    struct BiTNode      *lchild,*rchild; // 左、右孩子指针
}BiTNode,*BiTree;
```

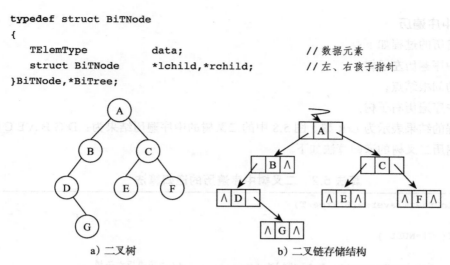

a）二叉树　　　　　　　　　　　　　　b）二叉链存储结构

图 5.8　二叉树的链式存储结构

5.3.5　二叉树的遍历

二叉树的遍历是指按照一定的次序访问树中的所有结点，并且每个结点只能被访问一次的过程。它是二叉树的基本操作，也是二叉树其他常用操作的基础。

二叉树的常见遍历方法有 4 种：先序遍历、中序遍历、后序遍历和层次遍历。

5.3.5.1　先序遍历

二叉树先序遍历的过程如下：

（1）访问根结点；

（2）先序遍历左子树；

（3）先序遍历右子树。

该过程的结果表示为 rLR 型。其中 r 表示根结点，L 和 R 分别表示左、右子树，在每个子树中也是递归进行先序遍历。

例如，图 5.8 中的二叉树的先序遍历结果为：A B D G C E F。

先序遍历二叉树的递归算法如下：

算法 5.1　二叉树先序遍历的递归算法

```
void PreOrderTraverse( BiTree T )
{
    if( T!=NULL )
    {
        printf("%c",T->data);          // 访问根结点
        PreOrderTraverse( T->lchild ); // 先序遍历左子树
        PreOrderTraverse( T->rchild ); // 先序遍历右子树
    }
}// PreOrderTraverse
```

5.3.5.2　中序遍历

中序遍历的过程如下：

（1）中序遍历左子树；

（2）访问根结点；

（3）中序遍历右子树。

该过程的结果表示为 LrR 型。图 5.8 中的二叉树的中序遍历结果为：D G B A E C F。

中序遍历二叉树的递归算法如下。

算法 5.2　二叉树中序遍历的递归算法

```
void InOrderTraverse(BiTree T)
{
    if( T!=NULL )
    {
        InOrderTraverse( T->lchild );          // 中序遍历左子树
        printf("%c",T->data);                  // 访问根结点
        InOrderTraverse(T->rchild);            // 中序遍历右子树
    }
}// InOrderTraverse
```

5.3.5.3　后序遍历

后序遍历的过程如下：

（1）后序遍历左子树；

（2）后序遍历右子树；

（3）访问根结点。

该过程的结果表示为 LRr 型。图 5.8 中的二叉树的后序遍历结果为：G D B E F C A。

后序遍历二叉树的递归算法如下：

算法 5.3　二叉树后序遍历的递归算法

```
void PostOrderTraverse(BiTree T)
{
    if(T!=NULL)
    {
        PostOrderTraverse( T->lchild );        // 后序遍历左子树
        PostOrderTraverse( T->rchild );        // 后序遍历右子树
        printf("%c",T->data);                  // 访问根结点
    }
}// PostOrderTraverse
```

以上给出的是二叉树先序、中序和后序遍历的递归算法。当然，可以利用栈结构将上述算法改成非递归算法。该方法将根结点压栈，可以很方便地通过弹栈操作从左子树经过根进入右子树。需要注意的是，后序遍历的顺序是左子树、右子树和根。从左子树到右子树，再从右子树到根，根结点需要过栈两次才能最终回到根结点。很多教材和参考书中已经给出相关内容，这里不再赘述。

5.3.5.4 层次遍历

层次遍历的过程如下：

（1）访问根结点（第一层）；

（2）从左到右访问第二层的所有结点；

（3）从左到右访问第三层的所有结点，依此类推，直至最后一层的所有结点。

图 5.8 中的二叉树的层次遍历结果为：A B C D E F G。

层次遍历二叉树的算法如下。

算法 5.4　二叉树层次遍历算法

```
#define MAX_SIZE   256              // 二叉树层次遍历队列最大空间
void LevelOrderTraverse( BiTree T )
{
    BiTNode *p;
    BiTNode *qu[MAX_SIZE];          // 定义队列，存放二叉树结点指针
    int front,rear;
    front=rear=0;                   // 初始化队列
    qu[rear]=T;                     // 根结点入队
    rear++;
    while( front!=rear )            // 只要队列不为空
    {
        p=qu[front];               // 队首结点出队
        front = (front+1)%MAX_SIZE;
        printf("%c",p->data);      // 访问队首结点
        if(p->lchild!=NULL)        // 若当前访问的结点有左孩子，则其左孩子入队
        {
            qu[rear]=p->lchild;
            rear = (rear+1)%MAX_SIZE;
        }
        if(p->rchild!=NULL)        // 若当前访问的结点有右孩子，则其右孩子入队
        {
            qu[rear]=p->rchild;
            rear = (rear+1)%MAX_SIZE;
        }
    } // end while ( front!=rear )
}// LevelOrderTraverse
```

5.3.6　二叉树遍历算法的应用举例

下面以二叉链表存储结构为例，介绍几个常见的二叉树基本操作运算的实现。

5.3.6.1　创建二叉树

这里介绍一个按照类似于先序序列创建二叉树的过程。对图 5.8 所示的二叉树，按照如下的先序顺序读入字符：

A B D ø G ø ø ø C E ø ø F ø ø

其中 ø 表示空格字符（对应在先序遍历中遇到的空指针），可以根据先序遍历的顺序创建

对应的二叉链表。也就是说，首先创建根结点，然后先序创建左分支，接下来先序创建右分支，最后返回根结点指针，创建完成。对应的算法如下。

算法 5.5　基于先序序列的二叉树创建算法

```
Status CreateBiTree( BiTNode &T )
{
    scanf("%c",&ch);                           // 读入一个字符
    if ( ch==' ' )   T = NULL;                 // 空格字符代表空指针
    else
    {
        T = (BiTNode *)malloc(sizeof(BiTNode));  // 创建根结点
        if ( !T )    exit( OVERFLOW );
        T->data = ch;                           // 为根结点数值域赋值
        CreateBiTree( T->lchild );              // 先序创建左分支
        CreateBiTree( T->rchild );              // 先序创建右分支
    }
    return OK;
}// CreateBiTree
```

5.3.6.2　查找二叉树中的结点

根据先序遍历的顺序在二叉树中查找值为 x 的结点，找到后返回其结点指针，否则返回 NULL。算法步骤如下：

（1）先将根结点的值与 x 做比较，若相等，则返回结点指针，查找结束；

（2）在左分支中先序查找 x，如果找到，则返回相应的结点指针，查找结束；

（3）在右分支中先序查找 x，如果找到，则返回相应的结点指针，查找结束。

算法 5.6　基于先序顺序的二叉树结点查找算法

```
BiTNode *FindNode ( BiTree T,  TElemType x )
{
    BiTNode *p=NULL;
    if( T==NULL )   return NULL;
    else if( T->data==x )  return T;  // 如果访问的当前结点值等于 x，则返回当前结点指针，
查找结束
    else
    {
        p = FindNode( T->lchild,x );  // 在左分支中先序查找
        if( p==NULL )
            return FindNode( T->rchild,x );  // 在左分支中没有找到，继续先序查找右分
支，并返回查找结果
        else
        return p;  // 如果在左分支中找到 x，则返回该结点指针，查找结束
    } // end else
}// FindNode
```

5.3.6.3　计算二叉树的高度

为了得到二叉树的高度，首先需要计算其左、右子树的高度，然后取左、右子树高

度的最大值，再加上根结点这一层的高度，就可以得到整个二叉树的高度。左、右子树的高度，可通过递归求解。显然，该描述与后续遍历的步骤一致。

因此，可按照后序遍历的顺序来计算二叉树的高度。计算步骤如下：

（1）计算左子树的高度；

（2）计算右子树的高度；

（3）根据对树的高度的定义，取上述二者中的最大值并加 1，即为二叉树在根结点处的高度。

具体代码如下。

算法 5.7　基于后序顺序的二叉树高度计算算法

```
int BiTreeDepth(BiTree T)
{
    int leftdepth, rightdepth;
    if( T==NULL )  return 0;                     // 空树的高度为 0
    else
    {
        leftdepth  = BiTreeDepth(T->lchild);     // 求左子树的高度
        rightdepth = BiTreeDepth(T->rchild);     // 求右子树的高度
        return (leftdepth>rightdepth) ? (leftdepth+1) : (rightdepth+1); // 最终得到
二叉树的高度
    }
}// BiTreeDepth
```

5.3.6.4　输出二叉树

将二叉树利用图 5.3c 的括号表示法进行输出显示，其过程基于先序的顺序，即最先显示根结点，然后先序显示左分支，最后先序显示右分支。步骤如下：

（1）对于非空的二叉树，首先输出根结点；

（2）如果根结点有左孩子或者右孩子，则输出一个左括号"("；

（3）先序输出其左分支；

（4）输出一个","作为分隔左、右分支的分隔符；

（5）先序输出右分支；

（6）输出右括号")"，对二叉树的输出显示结束。

算法 5.8　基于先序顺序的二叉树显示递归算法

```
void ShowBiTree(BiTree T)
{
    if( T )
    {
        printf("%c",T->data);
        if ( T->lchild || T->rchild )
        {
            printf("(");
            ShowBiTree(T->lchild);               // 先序输出左子树
```

```
                    printf(",");
                    ShowBiTree(T->rchild);              // 先序输出右子树
                    printf(")");
                } // end if ( T->lchild || T->rchild )
        } // end if ( T )
}// ShowBiTree
```

将上述算法作用于图 5.8 所示的二叉树，输出结果为 A(B(D(,G),),C(E,F))。

5.3.6.5   销毁二叉树

在销毁一个二叉树时，为了防止结点指针丢失，一定要按照后序遍历的顺序进行，即先后序销毁左分支，再后序销毁右分支，最后销毁根结点，最终二叉树为空。注意，销毁不能按照先序的顺序，因为如果是先序销毁，那么最先销毁的是根结点，而一旦根结点被销毁，就将无法找到其左、右分支，也就无法对其左、右分支进行销毁。同理，销毁也不能按照中序的顺序进行。

算法 5.9   基于后序顺序的二叉树销毁算法

```
BiTree DestroyBiTree(BiTree T)
{
    if( T )
    {
        T->lchild=DestroyBiTree(T->lchild);    // 销毁左子树
        T->rchild=DestroyBiTree(T->rchild);    // 销毁右子树
        free(T);                               // 销毁根结点
        return NULL;
    }   // end if ( T )
}// DestroyBiTree
```

5.3.6.6   判断二叉树是否为完全二叉树

根据定义，完全二叉树应满足以下条件：

（1）叶结点只能出现在树的最后两层。

（2）度为 1 的结点最多只能有一个，而且这个结点只能是有左孩子，没有右孩子。

（3）如果分别用 n_2、n_1 和 n_0 表示完全二叉树中度为 2、度为 1 和度为 0 的结点个数，那么它们的取值只会是以下三种情况中的一种，即 $n_2=0$，$n_1=0$，$n_0=1$；$n_2=0$，$n_1=1$，$n_0=1$；$n_2 \neq 0$，$n_1=1$ 或 0，$n_0 \neq 0$。

（4）从层次遍历的顺序来说，如果有度为 2 的结点，那么会最先遍历这些结点，然后会遍历度为 1 的结点（如果有），最后才会遍历叶结点。

如果未同时满足以上条件，就说明该二叉树不是完全二叉树。而这些条件是否被满足可以在层次遍历的过程中进行判断。

算法 5.10   基于层次遍历的判断二叉树是否为完全二叉树的算法

```
#define MAX_SIZE    256              // 二叉树层次遍历队列的最大结点数
int IsComplete(BiTree T)   // 判断二叉树是否是完全二叉树，是返回 TRUE，否则返回 FALSE
{
```

```
        BiTNode *p,*q[MAX_SIZE];                   // q是队列，用来对进行做层次遍历
        int front=0,rear=0;                        // 队列首尾
        int n1=0;   // 若有度不大于1的结点被访问，则n1设置为1，初始值为0
        q[rear++]=T;                               // 根结点首先入队
        while( front!=rear )                       // 只要队列非空则进行如下的操作
        {
            p = q[front];                          // 访问队头结点
            front = (front+1)%MAX_SIZE;
            if( !p->lchild && !p->rchild )         // 如果当前被访问的是叶结点
                n1=1;                              //   则标识符n1设置为1
            else if( !p->lchild && p->rchild )     // 如果当前被访问的是没有左分支只有右分支的
结点
                return FALSE;                      // 不符合完全二叉树的条件，返回FALSE
            else if( p->lchild && !p->rchild )     // 如果当前被访问的是只有左分支没有右分支的
结点
            {
                if( n1!=0 )                        // 如果此前已经有度不大于1的结点被访问过
                    return FALSE;                  // 不符合完全二叉树的条件，返回FALSE
                else                               // 如果此前没有度不大于1的结点被访问过
                {
                    n1 = 1;                        // 则标识符n1设置为1
                    q[rear] = p->lchild;           // 当前结点的左孩子入队
                    rear = (rear+1)%MAX_SIZE;
                }  //end else
            } // end if if( p->lchild && !p->rchild )
            else                                   // 如果当前被访问的是度等于2的结点
            {
            if(n1)                                 // 如果此前已经有度不大于1的结点被访问过
                return FALSE;                      // 不符合完全二叉树的条件，返回FALSE
            EnQueue(Q, p->lchild);                 // 当前结点的左孩子入队
                rear = (rear+1)%MAX_SIZE;
            EnQueue(Q, p->lchild);                 // 当前结点的右孩子入队
                rear = (rear+1)%MAX_SIZE;
            } //end else
        }  // end while
        return TRUE;  // 可以正常遍历完二叉树，符合完全二叉树条件，返回TRUE
    }// IsComplete
```

5.4 树和森林

5.4.1 树的存储结构

树的存储结构有很多形式。这里，我们介绍一种树的二叉链存储结构。链表中结点的两个链域分别指向该结点的第一个孩子和下一个兄弟，将其分别命名为 firstchild 和 nextbrother 域。相对于二叉树形式，我们也常称其为"左孩子、右兄弟"表示法。

树的二叉链存储表示：

```
typedef struct TreeNode
{
    TElemType                data;
    struct TreeNode          *firstchild,* nextbrother;    // 孩子—兄弟指针
}TreeNode,*Tree;
```

由此可见，对于一棵给定的树，可以通过这种二叉链的表示方式找到唯一的一棵二叉树与之对应，从物理结构来看，它们的二叉链表是相同的，只是解释不同而已，如图5.9 所示。这样一来，对树的各种操作都可以转换为对相应的二叉树的操作。

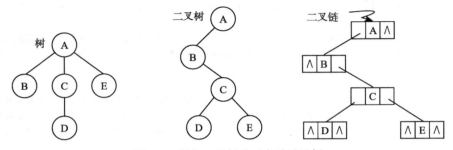

图 5.9   树与二叉树的对应关系示例

5.4.2   森林的存储结构

1. 森林转换为二叉树

森林是树的集合。如果 $F=\{T_1，T_2，\cdots，T_m\}$ 是森林，那么森林中的每棵树 T_i（$1 \leqslant i \leqslant m$）都可以转换成一棵二叉树。根据树的二叉链的定义可知，任何一棵树所对应的二叉树，其右子树必然为空。因此，森林 F 也可以按照如下规则转换成一棵二叉树 $B=$ (root, LB, RB)：

（1）若 F 为空，即 $m=0$，则 B 为空树；

（2）若 F 非空，即 $m \neq 0$，则 B 的根 root 是森林中第一棵树 T_1 的根，B 的左子树 LB 是 T_1 对应的二叉树的左子树，B 的右子树 RB 是由森林 $\{T_2，T_3，\cdots，T_m\}$ 转换而来的二叉树。图 5.10 是森林转换为一棵二叉树的示意图。

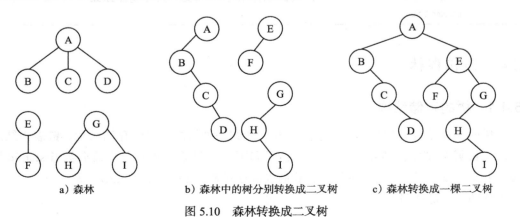

a）森林   b）森林中的树分别转换成二叉树   c）森林转换成一棵二叉树

图 5.10   森林转换成二叉树

2. 二叉树转换为森林

如果 $B=$（root, LB, RB）是一棵二叉树，则可以按照如下规则将其转换为森林 $F=\{T_1,$ $T_2,$ …，$T_m\}$：

（1）若 B 为空，则 F 为空；

（2）若 B 非空，则 F 中的第一棵树 T_1 的根即为二叉树 B 的根 root；T_1 的左子树即为 B 的左子树 LB，T_1 的右子树为空；B 的右子树 RB 可以转换成除 T_1 以外的森林 $\{T_2,$ $T_3,$ …，$T_m\}$。图 5.11 是将二叉树还原为森林的示意图。

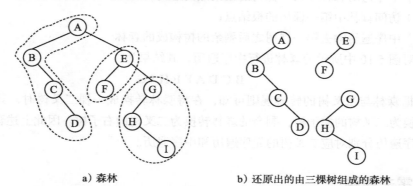

a）森林   b）还原出的由三棵树组成的森林

图 5.11　二叉树还原为森林

5.4.3　树和森林的遍历

由上述树和森林与二叉树的转换可以看出，对树和森林的操作都可通过转换为对二叉树的操作来实现。

1. 树的遍历

根据树的结构特点可以引出三种顺序的遍历方法，即先根遍历、后根遍历以及层次遍历。

树的**先根遍历**是指先访问根结点，然后按照从左到右的顺序依次先根遍历树的各个子树。若对图 5.9 中所示的树进行先根遍历，结果应该是：A B C D E。

树的**后根遍历**是指首先按照从左到右的顺序依次后根遍历树的各个子树，最后访问根结点。若对图 5.9 中所示的树进行后根遍历，结果应该是：B D C E A。

树的**层次遍历**与二叉树的层次遍历类似，从根结点所在层开始，一层一层遍历结点，直到访问完最后一层的所有结点。若对图 5.9 中所示的树进行层次遍历，结果应该是：A B C E D。

树的先根遍历可借用二叉树的先序遍历算法实现；树的后根遍历可借助二叉树的中序遍历算法实现。

2. 森林的遍历

根据森林与树的相互递归的定义，可以推导出森林的两种遍历算法，即先序遍历和中序遍历。

若森林非空，则森林的**先序遍历**过程为：

（1）访问森林中第一棵树的根结点；

（2）先序遍历第一棵树的根结点的子树；

（3）先序遍历除去第一棵树之后剩余的树构成的森林。

若对图 5.10 中所示的森林进行先序遍历，其结果为：

$$A\ B\ C\ D\ E\ F\ G\ H\ I$$

若森林非空，则森林的**中序遍历**过程为：

（1）中序遍历森林中第一棵树的根结点的子树；

（2）访问森林中第一棵树的根结点；

（3）中序遍历除去第一棵树之后剩余的树构成的森林。

若对图 5.10 中所示的森林进行中序遍历，其结果为：

$$B\ C\ D\ A\ F\ E\ H\ I\ G$$

根据森林与二叉树的转换规则可知，在将森林转换成一棵二叉树时，其第一棵树的子树转换为二叉树的左子树，剩余的森林转换为二叉树的右子树。因此上述森林的先序遍历和中序遍历分别对应二叉树的先序遍历和中序遍历。

5.5 霍夫曼树

霍夫曼（Huffman）树，又叫作最优树，是一种带权路径长度最小的树，有着广泛的应用。

5.5.1 霍夫曼树的定义

在许多应用中，常常为树中的叶结点赋予一个有着某种意义的值，并称此数值为该叶结点的**权值**。从根结点到叶结点之间的路径长度与该叶结点的权值的乘积叫作该叶结点的**带权路径长度**。树中所有叶结点的带权路径长度之和称为**树的带权路径长度**，通常记为

$$WPL= \sum_{i=1}^{n} w_i l_i \tag{5.4}$$

其中 n 表示叶结点的数量，w_i 表示第 i 个叶结点的权值，l_i 表示根结点到第 i 个叶结点的路径长度。在 n 个带权叶结点构成的所有二叉树中，带权路径长度 WPL 最小的二叉树称为**霍夫曼树**（或最优二叉树）。

例如，图 5.12 所示的 3 棵二叉树都有 4 个叶结点 a、b、c 和 d，且分别具有 7、5、2、4 的权值。这 3 棵二叉树的 WPL 分别是

图 5.12a：WPL=7×2+5×2+2×2+4×2=36

图 5.12b：WPL=7×3+5×3+2×1+4×2=46

图 5.12c：WPL=7×1+5×2+2×3+4×3=35

其中第 3 棵树的带权路径长度 WPL 最小。可以验证，其带权路径长度在所有包含 4 个叶结点且权值分别是 7、5、2、4 的二叉树中最小，因此它就是霍夫曼树。

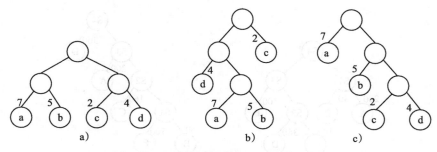

图 5.12 具有不同带权路径长度的二叉树

在解决某些问题时，利用霍夫曼树可以得到最佳算法。例如，假定现有 5 个有序的数组 A、B、C、D 和 E，它们包含的数据元素的个数分别为 200、40、160、360、100，现在需要将这 5 个数组进行归并，最后得到一个整体有序的数组。那么如何进行归可以达到最高的效率呢？

其实这个问题并不复杂，只要将这 5 个有序数组进行两两归并，即经过 4 次归并，就可得到一个整体有序的序列。问题是，如何以最高的效率完成这 4 次归并呢？

根据第 2 章中所介绍的线性表的性质可知，若有两个有序数组 X 和 Y，其包含的数据元素个数分别为 m 和 n，将 X 和 Y 进行归并的时间复杂度是 $O(m+n)$，最坏情况下需要进行 $m+n-1$ 次比较。如果要高效地完成上述 4 次归并，则应该以最少的比较次数完成这 4 次归并。由于每次都是将两个数组归并成为一个新的有序数组，因此，这个归并的过程可以用二叉树来表示。如图 5.13a 所示的归并过程如下：

（1）将 A 与 B 归并为 S1；

（2）将 C 与 D 归并为 S2；

（3）将 S2 与 E 归并为 S3；

（4）将 S1 与 S3 归并为 S4，S4 即为一个整体有序的数组，一共包含 860 个数据元素。

在这个过程中，图 5.13a 中所示二叉树的 WPL 即表示了这个归并过程中最坏情况下一共进行的比较次数（$m+n-1$ 中的常数项 -1 忽略不计）。

同理，图 5.13b 所示的归并过程如下：

（1）将 B 与 E 归并为 S1；

（2）将 S1 与 C 归并为 S2；

（3）将 S2 与 A 归并为 S3；

（4）将 S3 与 D 归并为 S4，S4 即为一个整体有序的数组，一共包含 860 个数据元素。

我们可以计算一下这两种归并策略在最坏情况下分别需要的比较次数。

图 5.13a：WPL=200×2+40×2+160×3+360×3+100×2=2240

图 5.13b：WPL=200×2+40×2+160×3+360×1+100×4=1800

可以证明图 5.13b 是一个最优二叉树，即霍夫曼树，因此利用该策略进行归并操作是最佳的。

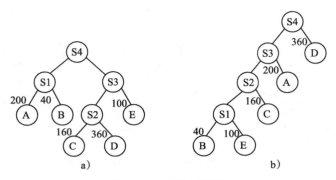

图 5.13   归并过程示意

5.5.2   霍夫曼树的构造

如何构造一个霍夫曼树呢？也就是给定 n_0 个权值，如何构造一个包含 n_0 个叶结点的二叉树，使其带权的路径长度 WPL 最小呢？霍夫曼最早给出了一个带有一般规律的算法，称为霍夫曼算法，步骤如下：

（1）现有 n_0 个权值（$w_1, w_2, \cdots, w_{n_0}$），每个权值对应一个结点，这些结点构成一个森林 $F = \{T_1, T_2, \cdots, T_{n_0}\}$，森林中的每棵树 T_i（$1 \leqslant i \leqslant n_0$）都是二叉树，且都仅包含一个具有权值 w_i 的根结点，左右子树均为空。

（2）在森林中选取根结点权值最小的两棵树 T_i 和 T_j 进行合并，创建出一棵新的二叉树。新的二叉树根结点的权值为 T_i 和 T_j 两棵树根结点权值之和，新二叉树的左、右分支分别为 T_i 和 T_j。在森林中用该新二叉树替换掉 T_i 和 T_j，此时森林中还剩余 n_0-1 棵二叉树。

（3）重复上述步骤直到森林中只剩下一棵二叉树为止，这棵二叉树就是霍夫曼树。注意，根据上述步骤创建的霍夫曼树是一棵没有度为 1 的结点的二叉树。

例如有 2、4、7、9 四个权值，图 5.14 给出了根据这四个权值创建霍夫曼树的过程，其中图 5.14d 就是最终得到的霍夫曼树，其带权路径长度 WPL=41。

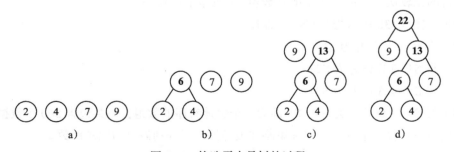

图 5.14   构造霍夫曼树的过程

5.5.3   霍夫曼编码

霍夫曼树可以应用于文件压缩。

标准的 ASCII 字符集由大约 100 个"可打印"字符组成，这些字符在计算机中用 $\lceil \log_2 100 \rceil$ =7 位的二进制编码来表示。但 7 位编码共可以表示 128 个字符，因此 ASCII 字符集还可以再添加一些其他"不可打印"的符号。重点在于，如果字符集的大小是 M，那么这个字符集中每个符号的标准编码就需要 $\lceil \log_2 M \rceil$ 位（bit）。

在现实中，一个文件可能非常大。如果在带宽有限的网络上传输这些文件，人们就会希望减少文件的大小。同时每台机器上的存储空间也都是非常珍贵的，因此人们希望提供一种更有效的编码机制以降低文件所占用的总比特数。由于在一个文件中，使用频率最高和使用频率最低的字符之间通常存在很大的差别，因此，一种简单的策略就是让编码的长度随字符的使用频率变化，以保证经常出现的符号的编码要短。霍夫曼树就可以提供一种最佳的编码方案，下面将对其举例说明。

设有一个文件，它只包含 a、e、i、s、t 五种字符，如果要对这五个符号进行标准编码，那么每个符号需占用 $\lceil \log_2 5 \rceil$ =3 位。这些符号在文件中出现的频次及其在文件中占用的总位数如表 5.1 所示。

表 5.1　标准编码方案

字符	标准编码	出现频次	总位数
a	000	10	30
e	001	15	45
i	010	12	36
s	011	3	9
t	100	4	12
总计			132

接下来可以利用霍夫曼树对该文件中的字符进行重新编码，以达到数据压缩的目的。现以这五种字符为叶子结点，以它们各自在文件中出现的频次为其权值，创建霍夫曼树，如图 5.15 所示。规定霍夫曼树中的左分支为 0，右分支为 1（反之也可以），则由从根结点到某叶结点所经过的分支对应的 0 或者 1 组成的序列就是该叶结点对应的编码，这样的编码就叫作霍夫曼编码。按照这样的编码策略，可以得到最终的编码结果，如表 5.2 所示。可以发现，文件整体所占位数下降了，即文件得到了压缩。

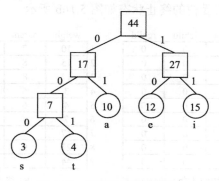

图 5.15　字符的霍夫曼编码

由上述编码过程可以发现：

（1）霍夫曼编码的实质就是使用频率越高的符号采用的编码越短。

（2）对于一个要压缩的文件，其霍夫曼编码并不唯一。原因有：首先，在创建霍夫曼树的过程中，当合并两个二叉树时，没有规定必须由哪个作为新树的左分支、哪个作为右分支；其次，在对霍夫曼树的左、右分支进行 0 与 1 的规定时，既可以左为 0、右为 1，也可以左为 1、右为 0。因此，对于一个给定的带权值的叶结点集合，其霍夫曼树并不是唯一的，相应地，其霍夫曼编码也不是唯一的。

表 5.2　霍夫曼编码方案

字符	霍夫曼编码	出现频次	总位数
a	01	10	20
e	10	15	30
i	11	12	24
s	000	3	9
t	001	4	12
总计			95

（3）霍夫曼编码都是前缀码。由于霍夫曼编码的长度不等，所以为了译码方便，任何一个短码都不可能是其他长码的前缀。

（4）如果一个文件中的所有符号都以相同的频次出现，那么采用霍夫曼编码将无法达到压缩的目的。

5.5.4　霍夫曼树和霍夫曼编码的算法实现

根据霍夫曼树的创建过程可知，树中没有度为 1 的结点。因此包含 n 个叶结点的霍夫曼树一共具有 n 个叶结点和 $n-1$ 个度为 2 的中间结点，共计 $2n-1$ 个结点，这些结点可以存放在一个长度为 $2n-1$ 的一维数组中。那么如何定义这些结点的结构呢？由于在创建霍夫曼树以及编码的过程中，对于每个结点，不仅需要知道其双亲结点的信息，也需要知道其孩子结点的信息，因此，设定如下霍夫曼树结点的存储结构：

```
typedef struct
{
    unsigned int weight;
    unsigned int parent,lchild,rchild;
}HTNode,*HufTree;
```

以表 5.1 中给定的字符集为例，针对这个字符集，叶结点数量 $n=5$，那么相应的霍夫曼树一共应包含 $2n-1=9$ 个结点。因此表示霍夫曼树的一维数组的表长可以设定为 10（0 号位置不用，从 1 号位置开始存放结点数据），其初始状态如图 5.16a 所示。根据前述的创建过程，最终得到的霍夫曼树的终止状态如图 5.16b 所示。

	weight	parent	lchild	rchild
1	10	0	0	0
2	15	0	0	0
3	12	0	0	0
4	3	0	0	0
5	4	0	0	0
6	-	0	0	0
7	-	0	0	0
8	-	0	0	0
9	-	0	0	0

a）初始状态

	weight	parent	lchild	rchild
1	10	7	0	0
2	15	8	0	0
3	12	8	0	0
4	3	6	0	0
5	4	6	0	0
6	7	7	4	5
7	17	9	6	1
8	27	9	3	2
9	44	0	7	8

b）终止状态

图 5.16　霍夫曼树的存储结构

创建霍夫曼树以及获取霍夫曼编码的算法如下：

算法 5.11　霍夫曼树的创建和编码

```
void HufCode( int n, int *w, HufTree HT, char **HC )
{
    // n 表示叶结点数量
    // w 是存放叶结点权值的一维数组名
    // HT 表示存储霍夫曼树的一维数组名，下面将动态地为其分配空间，分配的空间长度是 2n
    // HC 是存储霍夫曼编码的码表，由于编码长度不一样，因此每个编码的码表长度应动态分配

    if( n<=1 )  return;                          // 只有一个结点，直接返回
    // 0 号单元不用，因此虽然树中只有 2n-1 个结点，但是表长要设定为 2n
    HT=(HufTree)malloc(2*n*sizeof(HTNode));
    initHT( HT );                                // 对表示霍夫曼树的一维数组进行初始化

    // 第 1 步：创建霍夫曼树
    for( i=n+1; i<2*n;  i++ )
    {
        // 在数组 HT 中，从 1 号到 i-1 号的区间中选取两个 parent 为 0，且权值 weight 最小的两
个结点
        // s1 和 s2 分别表示这两个结点在 HT 中的编号
        select_two_small( HT, i-1, s1, s2 );
        HT[s1].parent = HT[s2].parent = i;
        HT[i].lchild = s1;
        HT[i].rchild = s2;
        HT[i].weight = HT[s1].weight+HT[s2].weight;
    } // end for

    // 第 2 步：从叶结点到根结点逆向获取每个叶结点的霍夫曼编码
    HC = (char **)malloc(n*sizeof(char *)); // 动态分配 n 个编码的行指针向量
    temp = (char *)malloc(n*sizeof(char));  // 分配一个临时空间用来存放当前获取的编码
    for( i=1; i<=n; i++)
    {
        start=0;
        for(c=i, f=HT[i].parent; f!=0; c=f, f=HT[f].parent )  // 从叶子结点到根结
点逆向获取编码的每一位
        {
            if( HT[f].lchild==c )
                temp[start++] = '0';                // 左分支为 0
            else
                temp[start++] = '1';                // 右分支为 1
        } // end for
        temp[start++] = '\0';                       // 为编码设置结束符
        reverse(temp); // 将编码逆置。由于是逆向获取的编码，因此逆置后才是真正的霍夫曼编码
        HC[i]=(char *)malloc(start*sizeof(char));   // 为第 i 个字符的编码动态分配空间
        strcpy( HC[i],temp ); // 从临时空间中将编码复制到码表 HC 中
    } // end for (i=1; i<=n; i++)
    free(temp);                                     // 编码结束，释放临时空间
    return ;
}// HufCode
```

解码就是分解码流中的字符串：从霍夫曼树的根结点出发，按字符"0"或者"1"寻找左孩子或者右孩子，直至找到叶子结点。这个子串对应的就是该叶结点相应的字符，具体算法读者可以自己试着完成。

5.6　小结

本章讨论了在现实世界中广泛存在的一种典型的非线性数据结构——树，以及树的一种常用形式——二叉树。本章重点讨论了二叉树的抽象数据类型描述、存储结构与各种遍历算法的实现，最后介绍了一种二叉树的实际应用，即霍夫曼树的构造与霍夫曼编码。由于树可以转换成为一个唯一与之对应的二叉树，因此对树的操作都可以转化为对二叉树的操作。本章的重点是二叉树的 4 种遍历算法。遍历是二叉树的基本操作，也是最重要的操作，因为大多数对二叉树的操作都是基于一定顺序的遍历完成的。

通过对本章的学习，读者要明确树这种数据结构与线性的数据结构之间的区别，熟练掌握树的几种遍历算法，并且要学会根据实际情况选择合适的遍历算法进行实现。

5.7　练习

1. 试着采用栈，将二叉树的先序、中序、后序遍历改成非递归算法实现。
2. 编程输出二叉树中从根结点到所有叶子结点的路径，并同时输出二叉树中从根结点到叶子结点的最长的一条路径。
3. 已知一个二叉树的先序序列是 ABDCE，中序序列是 BDAEC，请问能否唯一地确定这个二叉树的结构？编程实现该二叉树的二叉链表示。
4. 如何计算二叉树的宽度？树的宽度指具有最多结点数量的那一层上的结点数。请编程实现。
5. 假设在二叉树中有两个互不为祖先的结点，编程实现如何寻找距离它们最近的共同祖先。
6. 如果用孩子 – 兄弟表示树，编程实现计算树的高度。
7. 如果用孩子 – 兄弟表示树，编程实现输出树中从根结点到所有叶结点的路径。

第6章 图

6.1 引言

图（graph）是一种比树更为复杂的非线性的数据结构。树中的元素之间具有明确的层次关系，除了根结点，每个元素都有唯一的双亲结点位于其上一层；除了叶结点，每个元素都有若干分支结点位于其下一层。而在图中，数据元素之间的关系可以是任意的，也就是对任意一个元素，它既可以有若干前驱，也可以有若干后继，而且任意两个元素之间都可能相关。因此，图可以用来描述很多关系相对复杂的数据结构，比如电路图、人际关系网、网络结点分布、城市地图、公路网络等，图的应用已经渗透到诸如语言学、逻辑学、通信工程、计算机科学和数学等很多领域中。

本章将讨论图论中的几个常见问题。这些问题对应的算法不仅在实践中经常被用到，而且非常有趣，因为在实际应用中，选择适当的数据结构可以极大地减少这些算法的运行时间。

6.2 图的定义、基本术语和抽象数据类型

图 $G=(V,E)$ 由顶点（vertex）集 V 和边（edge）集 E 组成。每条边对应一个点对 (v,w)，其中 v、$w \in V$。如果图中的点对是有序的，那么该图就是有向图，其中的边也称为弧（arc）；反之称为无向图。

以下是图的基本术语。

- **完全图**：若图中任意两个顶点之间都存在一条边，则该图为完全图。若图中包含 n 个顶点，那么完全有向图有 $n(n-1)$ 条边，完全无向图则有 $n(n-1)/2$ 条边。
- **邻接点**：若顶点 v 与 w 之间存在一条边，则认为顶点 v 与 w 邻接。
- **顶点的度**：在无向图中，顶点所连接的边的数目为该顶点的度；在有向图中，以顶点 v 为起始点的弧的数目称为顶点 v 的**出度**，而以顶点 v 为终点的弧的数目称为 v 的**入度**。
- **子图**：设有两个图 $G=(V,E)$ 和 $G'=(V', E')$，若 V' 是 V 的子集，即 $V' \subseteq V$，且 E' 也是 E 的子集，$E' \subseteq E$，则称 G' 是 G 的子图。
- **权和网**：图中的每条边都可以对应一个数值，这种与边相关的数值称为权。边上带有权值的图也可以称为网，即有向网或无向网；边上不带有权值，就称为图，即有向图或无向图。
- **路径**：在图 G 中，顶点 v_1 到 v_k 的路径是一个顶点序列 $v_1, v_2, \cdots, v_k$，使得对于 $1 \leq i \leq k$，顶点对 $(v_i, v_{i+1}) \in E$。

- **路径长度**：如果边上不带有权值，则路径长度是指路径中包含的边的数目；如果边上带有权值，则路径长度等于路径中包含的边的权值之和。
- **简单路径**：路径中的顶点都是互异的。
- **简单回路**：路径中除了起始点与终止点相同之外，其余顶点互异。
- **连通图和连通分量**：在无向图 G 中，若两个顶点之间存在路径，则认为这两个顶点是**连通**的。如果在无向图 G 中，任意两个顶点都是连通的，则称 G 是连通图。无向图中的极大连通子图称为它的连通分量。显然，如果一个图是连通图，那么它只有一个连通分量，就是它自身；只有非连通图才会有若干连通分量。
- **强连通图和强连通分量**：在有向图中，若从顶点 v 到 w 存在路径，则称从顶点 v 到 w 是连通的。若有向图中，任意两个顶点都连通，则称该有向图是强连通图。有向图中的极大强连通子图称为它的强连通分量。
- **稀疏图和稠密图**：当图中边的数量比较少（即 $e \ll n(n-1)$，其中 e 表示边的数目，n 表示顶点的数目）时，称该图为稀疏图；而当图接近完全图时，称该图为稠密图。

图的抽象数据类型定义如下：

```
ADT Graph
{
     数据对象 V：V 是具有相同特性的数据元素的集合，称为顶点集
     数据关系 R：
     R={E}
     E={<v,w>|v,w∈V 且 P(v,w)，<v,w> 表示从 v 到 w 的边，谓词 P(v,w) 定义了边 <v,w> 的
意义或信息 }
     基本操作 P：
     //1. 初始化和销毁操作
     CreateGraph( &G, V, E )
          初始条件：V 是图的顶点集，E 是图的边集
          操作结果：按照 V 和 E 的定义构造图 G
     DestroyGraph( &G )
          初始条件：图 G 存在
          操作结果：销毁图 G
     //2. 访问型操作
     GetVex( G, v )
          初始条件：图 G 存在，v 是 G 中的某个顶点（编号 / 指针）
          操作结果：返回顶点 v 的元素值
     FirstAdjVex( G, v )
          初始条件：图 G 存在，v 是 G 中的某个顶点
          操作结果：返回 v 的第一个邻接点，若 v 没有邻接点，则返回"空"
     NextAdjVex( G, v, w )
          初始条件：图 G 存在，v 是 G 中某个顶点，w 是 v 的邻接点
          操作结果：返回 v 相对于 w 的下一个邻接点，若 w 已经是 v 的最后一个邻接点，则返回"空"
     DFSTraverse( G )
          初始条件：图 G 存在
          操作结果：对图进行深度优先遍历，在遍历过程中对每个顶点访问且仅访问一次
     BFSTraverse( G )
```

图　97

　　　　初始条件：图 G 存在

　　　　操作结果：对图进行广度优先遍历，在遍历过程中对每个顶点访问且仅访问一次

//3. 加工型操作

InsertVex(&G, v)

　　　　初始条件：图 G 存在

　　　　操作结果：在图中添加新的顶点 v

InsertArc(&G, v, w)

　　　　初始条件：图 G 存在，v 和 w 是图中的两个顶点

　　　　操作结果：在图中添加新的边〈v, w〉，如果是无向图，还应该增加一条对称的边〈w,v〉

DeleteVex(&G, v)

　　　　初始条件：图 G 存在，v 是图中顶点

　　　　操作结果：删除图中的顶点 v 及其相关的边

DeleteArc(&G, v, w)

　　　　初始条件：图 G 存在，v 和 w 是图中两个顶点

　　　　操作结果：删除图中的边〈v, w〉，如果是无向图，还应该删除一条对称的边〈w,v〉

} // ADT Graph

6.3　图的存储方式

　　图有多种存储方式，其中最基本的两种存储方式为顺序存储的邻接矩阵和链式存储的邻接表。

6.3.1　邻接矩阵

　　表示图的一种简单方式是使用二维数组，称为邻接矩阵（adjacency matrix）表示法。对于图中的每条边 (v, w)，设置 $A[v][w]=1$；若不存在边 (v, w)，则 $A[v][w]=0$。如果边上带有权值，那么可以设置 $A[v][w]$ 等于该权值，同时使用一个很大或者很小的权值来表示不存在的边。如图 6.1 展示了无向图、有向图、有向网和它们对应的邻接矩阵。

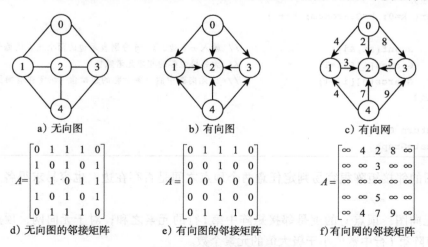

a）无向图　　　　　　b）有向图　　　　　　c）有向网

$$A=\begin{bmatrix}0&1&1&1&0\\1&0&1&0&1\\1&1&0&1&1\\1&0&1&0&1\\0&1&1&1&0\end{bmatrix}$$

$$A=\begin{bmatrix}0&1&1&1&0\\0&0&1&0&0\\0&0&0&0&0\\0&0&1&0&0\\0&1&1&1&0\end{bmatrix}$$

$$A=\begin{bmatrix}\infty&4&2&8&\infty\\\infty&\infty&3&\infty&\infty\\\infty&\infty&\infty&\infty&\infty\\\infty&\infty&\infty&5&\infty\\\infty&\infty&4&7&9&\infty\end{bmatrix}$$

d）无向图的邻接矩阵　　　e）有向图的邻接矩阵　　　f）有向网的邻接矩阵

图 6.1　图的邻接矩阵表示法

　　邻接矩阵是图的一种顺序存储结构，从邻接矩阵的行数或者列数可知图的顶点数。无向图的邻接矩阵总是对称的，但有向图的邻接矩阵不一定对称。

图的邻接矩阵存储结构的类型声明如下：

```
#define INFINITY INT_MAX        // 定义最大值∞
#define MAX_V  20               // 最大顶点数目
typedef struct
{
    int code;                  // 顶点编号
    ElemType info;             // 顶点其他信息
}VertexType;                   // 顶点类型定义
typedef struct
{
    int arcs[MAX_V][ MAX_V];   // 邻接矩阵
    int vexnum,arcnum;         // 图包含的顶点数与边的个数
    VertexType vexs[MAX_V];    // 存放顶点信息
    GraphKind type;            // 图的种类标志，分为无向图、有向图、无向网和有向网
} MGraph;                      // 声明图的邻接矩阵类型定义
```

以不带权值的图为例，创建以邻接矩阵表示的无向图的算法实现如下。

算法 6.1 基于邻接矩阵表示法的无向图的创建

```
status CreateGraph( MGraph &G )
{
    scanf( &G.vexnum, &G.arcnum ); // 输入图的基本信息，包括顶点与边的数目
    for( i=0; i<G.vexnum; i++ )
        scanf(&G.vexs[i]);         // 输入顶点信息
    for( i=0; i<G.vexnum; i++ )
        for( j=0; j<G.vexnum; j++ )
            G.arcs[i][j]=0;  // 邻接矩阵初始化，将所有元素的初始值设为 0（如果是网，则初
始值应为极大值）
    for( k=0; k<G.arcnum; k++ )
    {
        scanf(&i,&j);              // 输入一条边，i、j 分别表示边的两个顶点的编号
        G.arcs[i][j]=1;            // 为邻接矩阵的相应元素赋值
        G.arcs[j][i]=1;            // 为无向图中的一条对称的边赋值（注意在有向图中不一
定存在对称的边）
    }
    return OK;
}//CreateGraph
```

借助图的邻接矩阵很容易判定任意两个顶点之间是否存在边，也容易求得各个顶点的度。

对于无向图，顶点 v_i 的度是邻接矩阵中第 i 行的元素之和；对于无向网，顶点 v_i 的度是邻接矩阵第 i 行中数值小于极大值的元素个数。

而对于有向图，顶点 v_i 的出度是矩阵中第 i 行的元素之和，入度是矩阵中第 i 列的元素之和；对于有向网，顶点 v_i 的出度是矩阵第 i 行中小于极大值的元素个数，入度是矩阵第 i 列中小于极大值的元素个数。

图　99

6.3.2　邻接表

采用邻接矩阵表示图的优点是非常简单,但是它的空间复杂度为 $O(n^2)$, n 表示图中顶点的数目。若图是稠密图,则邻接矩阵是合适的表示方法;但如果图是稀疏图,那么这种表示法的代价就太大了。此时,一种更好的解决方法是使用邻接表 (adjacency list) 表示法。

邻接表是图的一种链式存储结构。它用 n 个带头结点的单链表代替邻接矩阵的 n 行,并对图中的每个顶点 v 建立一个带头结点的单链表,将顶点 v 的相关信息存放在表头,表中其余的结点用来存放与顶点 v 相关的边的信息,例如其邻接点的编号、相应边的权值等。此时的空间需求是 $O(n+e)$(其中 e 表示图中包含的边的数目),它对于图的大小而言是线性的。图 6.1a 的无向图的邻接表如图 6.2a 所示,图 6.1c 的有向网的邻接表如图 6.2b 所示。

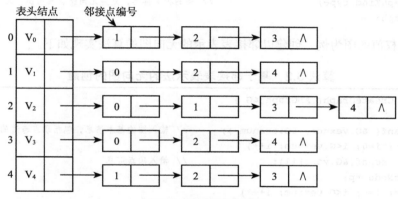

a) 图 6.1 中无向图的邻接表

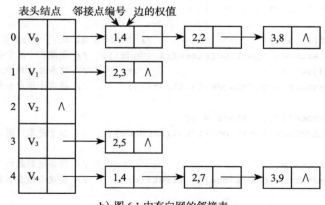

b) 图 6.1 中有向网的邻接表

图 6.2　图的邻接表表示法

图的邻接表存储结构的类型声明如下:

```
#define MAX _V 20              // 最大顶点数目
typedef struct ArcNode         // 边的结点结构类型
```

```
{
    int adjvex;                                   // 该边的终点编号
    int weight;                                   // 该边的权值（用于网）
    struct ArcNode *nextarc;                      // 指向下一条边的指针
} ArcNode;
typedef struct VexNode            // 邻接表的顶点结构
{
    VertexType data;                              // 顶点信息
    ArcNode *firstarc;                            // 指向第一条与该顶点有关的边的指针
} VexNode;
typedef struct                    // 图的邻接表结构类型
{
    VexNode[MAX_V];                               // 定义邻接表
    int vexnum,arcnum;                            // 图包含的顶点数与边的个数
    VertexType vexs[MAX_V];                       // 存放顶点信息
    GraphKind type;                               // 图的种类标志，分为无向图、有向图、无向网和有向网
} ALGraph;
```

以不带权值的图为例，创建以邻接表表示的无向图的算法实现如下。

算法 6.2　基于邻接表表示法的无向图的创建

```
status CreateGraph( ALGraph &G )
{
    scanf( &G.vexnum, &G.arcnum );      // 输入图的基本信息，包括顶点与边的数目
    for( i=0; i<G.vexnum; i++)
        scanf(&G.vexs[i]);              // 输入顶点信息
    ArcNode *p;
    for( i=0; i<G.vexnum; i++ )
        G.VexNode[i].firstarc = NULL;   // 邻接表初始化，所有单向链表均为空表
    for( k=0; k<G.arcnum; k++ )
    {
        scanf(&i,&j);                   // 输入一条边，i、j 分别表示边的两个顶点的编号
        p = (ArcNode *)malloc(sizeof(ArcNode));  // 创建一个用于存放当前边的结点 p
        p->adjvex = j;                  // 这条边的起始点是 i，终止点是 j
        p->nextarc = G.VexNode[i].firstarc;      // 将这个结点 p 链接到表示 i 号顶点
的单链表后
        G.VexNode[i].firstarc = p;
        p = (ArcNode *)malloc(sizeof(ArcNode));  // 由于是无向图，因此再创建一个表示
对称边的结点 p
        p->adjvex = i;                  // 这条边的起始点是 j，终止点是 i
        p->nextarc = G.VexNode[j].firstarc;      // 将这个结点 p 链接到表示 j 号顶点
的单链表后
        G.VexNode[j].firstarc = p;
    }
    return OK;
}//CreateGraph
```

图的邻接表表示并不是唯一的。这是因为在每个顶点对应的单链表中，与之相关的各条边的链接次序可以是任意的，这取决于在创建邻接表时读入数据的次序。

图　　101

借助于邻接表，可以很容易找到任意一个顶点的所有邻接点。但如果要判断任意两个顶点 v_i 和 v_j 之间是否存在边，则需要遍历第 i 或第 j 个单链表。

对于无向图（或者无向网），为了计算某个顶点 v_i 的度，只需要遍历第 i 个单链表，其包含的结点数即为顶点 v_i 的度。而对于有向图，为了计算 v_i 的出度，只需要遍历第 i 个单链表，其包含的结点数即为顶点 v_i 的出度；如果要计算 v_i 的入度，则需要遍历所有单链表，因为结点 adjvex 域的值为 i 的结点的总数就是顶点 v_i 的入度。

6.4　图的遍历

从给定图中指定的顶点（起始点）出发，按照某种搜索方法沿着图的边访问图中的所有顶点，使得每个顶点只会被访问一次，这个过程叫作图的遍历。图的遍历方法有两种：一种是深度优先遍历（Depth-First Search, DFS），另一种是广度优先遍历（Breadth-First Search, BFS）。

6.4.1　深度优先遍历

深度优先遍历类似于树的先序遍历。**一次深度优先遍历**的基本过程可以用递归的方式来描述：

（1）从起始顶点 v 出发，首先访问顶点 v；

（2）选择一个与顶点 v 相邻接且没有被访问过的顶点 w 作为新的起始点，继续深度优先遍历，直到顶点 v 的所有邻接点都被访问过。

对于无向图来说，若无向图是连通的，则一次深度优先遍历就可以访问到图中所有的顶点；但如果无向图是非连通的，则一次深度优先遍历只能访问到起始点所在连通分量中的所有顶点，而访问不到其他顶点。因此只有从其他连通分量中选择起始点，继续进行深度优先遍历，才能将图中的所有顶点都访问一遍。

对于有向图来说，若起始顶点到图中其他顶点之间都存在路径，则一次深度优先遍历即可保证将图中的所有顶点都访问一遍；否则同样需要再次选择未被访问过的顶点作为新的起始点继续进行深度优先遍历。

图的顶点之间的关系相对复杂，某个顶点 v_i 既可以是顶点 v_j 的邻接点，也可以是其他顶点诸如 v_k 的邻接点。因此为了保证在遍历中每个顶点只会被访问一次，我们需要借助一个辅助数组 visit[] 来做一下标记。若 visit[i] 的值为 true，则表示相应的顶点 v_i 已经被访问过；若 visit[i] 的值为 false，则说明顶点 v_i 还未被访问。

下面以邻接表为例对图进行深度优先遍历。为了保证每个顶点都被访问到，需要对每个未被访问过的顶点调用一次深度优先遍历。

算法 6.3　基于邻接表表示法的图的深度优先遍历

```
void DFS_Visit( ALGraph G )
{       // 图的深度优先遍历
    for( i=0; i<G.vexnum; i++)
```

```
        visit[i] = false;           // 辅助数组初始化, 初始情况下所有顶点均未被访问过
    for( i=0; i<G.vexnum; i++)
    {
        if( visit[i]==false )
            DFS( G, i );             // 对每一个未被访问过的顶点均调用一次深度优先遍历
    } // end for
}// DFSvisit
```

算法 6.4　以 index 为起始点的深度优先遍历

```
void DFS( ALGraph G, int index )
{
    ArcNode *p;
    visit[index] = true;            // 将起始点标记为已被访问的状态
    printf( G.vexs[index] );        // 输出起始点的信息
    p = G->VexNode[index].firstarc; // 指针 p 指向起始点的第一个邻接点
    while( p )
    {
        // 遍历起始点的所有邻接点, 若邻接点已经被访问过, 那么 p 继续向后遍历;
        // 否则以当前邻接点为新的起始点递归进行深度优先遍历
        if ( visit[p->adjvex]==false )
            DFS( G, p->adjvex );
        p = p->nextarc;
    } // end while
}// DFS
```

算法 6.4 的时间复杂度是 $O(n+e)$, 其中 n 是图中顶点的个数, e 是边的个数。如果采用邻接矩阵表示法, 则一次深度优先遍历的时间复杂度为 $O(n^2)$, 因为需要对矩阵进行遍历。

6.4.2　广度优先遍历

广度优先遍历类似于树的层次遍历。一次**广度优先遍历**的基本过程如下:

(1) 从起始顶点 v 出发, 首先访问顶点 v;

(2) 依次访问 v 的**所有**没有被访问过的邻接点 w_1, w_2, …, w_t;

(3) 按照 w_1, w_2, …, w_t 的次序, 访问它们各自所有未被访问过的邻接点;

(4) 以此类推, 直到图中所有与起始点 v 连通的顶点都被访问过为止。

同样, 一次广度优先遍历只能保证将与起始点连通的那些顶点访问到, 而其他不与起始点连通的顶点是访问不到的。因此, 为了保证图中所有顶点都被访问到, 需要对每个未被访问的顶点进行一次广度优先遍历; 同时, 为了确保每个顶点只会被访问一次, 同样需要一个辅助数组 visit[] 来做标记。

还是以邻接表为例, 对图进行广度优先遍历。由于广度优先遍历是一种一层一层向外推进的遍历算法, 所以需要使用队列进行辅助。

算法 6.5　基于邻接表表示法的图的广度优先遍历

```
void BFS_Visit( ALGraph G )
```

图   103

```
{          // 广度优先遍历
    for( i=0; i<G.vexnum; i++ )
        visit[i] = false;              // 辅助数组初始化，初始情况下所有顶点均未被访问过
    for(i=0;i<G.vexnum;i++)
    {
        if( visit[i]==false )
            BFS( G, i );               // 对每一个未被访问过的顶点均调用一次广度优先遍历
    } // end for
}// BFSvisit
```

算法 6.6   以 index 为起始点的广度优先遍历

```
void BFS( ALGraph G, int index )
{
    ArcNode *p;
    int Qu[MAX_V], front=rear=0;       // 定义队列并进行初始化，队列中存放顶点编号
    Qu[rear++] = index;                // 起始点入队
    visit[index] = true;               // 入队的顶点标记为已访问状态，防止重复入队
    while( front!=rear )
    {
        i = Qu[front];                 // 队头元素出队
        front = (front+1)%MAX_V;
        printf(G.vexs[i]);             // 访问队头元素
        p = G->VexNode[i].firstarc;    // 指针 p 指向当前队头顶点的第一个邻接点
        while( p )
        {
            // 遍历当前队头顶点的所有邻接点，若邻接点已经被访问过，则 p 继续向后遍历
            // 否则入队，并且标记为已访问状态，防止重复入队
            if( visit[p->adjvex]==false )
            {
                Qu[rear] = p->adjvex;
                rear = (rear+1)%MAX_V;
                visit[p->adjvex] = true;
            }
            p = p->nextarc;
        } // end while (p)
    } // end while ( front!=rear )
}// BFS
```

算法 6.6 的时间复杂度是 $O(n+e)$，n 是图中顶点的个数，e 是边的个数。如果采用邻接矩阵表示法，则一次广度优先遍历的时间复杂度为 $O(n^2)$，因为需要对整个矩阵进行遍历。

6.4.3   图的遍历算法的应用举例

一般涉及不带权值的图的最短或者最长路径时可以考虑采用广度优先遍历的算法；而涉及查找所有简单路径、简单回路的问题时可以采用深度优先遍历的算法；涉及无向图的连通性问题时，则两种遍历算法均可考虑采用。以下均以邻接表表示法为例设计算法。

6.4.3.1　无向图的连通性问题

在对无向图进行遍历时，对于连通图，仅需从任意顶点出发，进行一次深度优先或者广度优先搜索，便可以访问到图中所有的顶点；对于非连通图，则需从多个顶点出发进行搜索，而每次在从一个新的起点出发的遍历过程中访问到的顶点序列恰好为其各个连通分量中的顶点集。

例 6.1　求无向图 *G* 中的连通分量的个数

利用深度优先或者广度优先遍历算法均可，以深度优先遍历算法为例，在最外层调用几次深度优先遍历，就有几个连通分量。只需要将算法 6.3 稍作修改即可得到其实现算法（算法 6.7）。

算法 6.7　计算无向图的连通分量的个数

```
int GetCCNum( ALGraph G )
{   // 求无向图连通分量的个数
    int count = 0;
    for( i=0; i<G.vexnum; i++)
        visit[i] = false;
    for( i=0; i<G.vexnum; i++)
    {
        if( visit[i]==false )
        {
            DFS(G, i);
            count++;            // 调用 DFS 的次数即为图的连通分量的个数
        } // end if
    } // end for
    return count;
}// GetCCNum
```

如果要利用广度优先遍历算法来实现，那么只要对算法 6.5 进行同样的修改即可。

例 6.2　判断无向图 *G* 的连通性　直接使用算法 6.7 也可以实现该例，如果函数返回值等于 1，说明图是连通的；否则说明图是非连通的。但该算法，需要将图遍历一遍。效率更高的方法是从图中任意顶点出发调用一次 DFS（或者 BFS），然后观察辅助数组 visit[] 是否全被标记过，一旦还有未被标记的点，则说明还有顶点未被访问，即图是非连通的；否则就是连通的。

算法 6.8　判断无向图的连通性

```
Status IsConnectedGraph( ALGraph G )
{ // 判断无向图 G 是否连通
    for( i=0; i<G.vexnum; i++)
        visit[i] = false;
    DFS( G, 0 );  // 以第一个顶点为起始点（任意顶点均可）调用一次 DFS
    for( i=0; i<G.vexnum; i++)
    {
        if( visit[i]==false )  return FALSE; // 如果还有顶点未被访问，则说明图非连通
    }
```

图 105

```
    return TRUE;                        // 一次 DFS 后，全部顶点均被访问，说明图是连通的
}// IsConnectedGraph
```

例 6.3 u 和 v 是图 G（可以是有向图，也可以是无向图）中的两个顶点，请设计算法判断从顶点 u 到顶点 v 是否存在路径。

如果两个顶点之间存在路径，则说明这两个顶点是连通的。因此，这个问题依然是连通性问题，只不过是顶点之间的连通性问题，因此仍然可以利用遍历算法来解决。即以 u 为起始点调用一次 DFS（或者 BFS），然后观察辅助数组 visit[] 中对顶点 v 的标记情况。如果顶点 v 已经被访问过，说明从 u 到 v 是连通的；否则从 u 到 v 就是非连通的，即从 u 到 v 不存在路径。

算法 6.9　判断顶点之间的连通性

```
Status IsConnected( ALGraph G, int u, int v )
{
    for( i=0; i<G.vexnum; i++ )
        visit[i] = false;
    DFS( G, u );                        // 以 u 为起始点调用一次 DFS
    if( visit[v]==false )               // 观察顶点 v 的访问标记
        return FALSE;                   // 如果顶点 v 未被访问，则说明从 u 到 v 不连通
    else
        return TRUE;                    // 如果顶点 v 已被访问，则说明从 u 到 v 是连通的
}// IsConnected
```

6.4.3.2　简单路径问题

例 6.4 G 是一个连通的图，设计算法求距离顶点 v 最远的任意一个顶点。

利用广度优先遍历算法，从顶点 v 出发进行广度优先遍历，最后一层的顶点距离 v 最远。在遍历时利用队列逐层暂存各个顶点，队列中的最后一个顶点 k 一定在最后一层，因此只要将该顶点作为结果即可。

算法 6.10　求图中距离某顶点最远的任意一个顶点

```
int FindMaxDist( ALGraph G, int v)
{
    ArcNode *p;
    int Qu[MAX_V],visit[MAX_V];         // 定义队列及辅助数组
    int front=rear=0;                   // 队列清空
    for( i=0; i<G.vexnum; i++)
        visit[i]=false;
    Qu[rear++] = v;                     // 起始点入队
    visit[v] = true;                    // 起始点的访问标记置为已访问，防止重复入队
    while( front!=rear )
    {
        i = Qu[front];                  // 队头元素出队
        front = (front+1)%MAX_V;
        p = G->VexNode[i].firstarc;     // 指针 p 指向当前队头的第一个邻接点
        while( p )
```

```
        {
                // 遍历当前队头顶点的所有邻接点,若邻接点已经被访问过,则 p 继续向后遍历;否则入
队,并标记为已访问状态,防止重复入队
                if( visit[p->adjvex]==false )
                {
                    Qu[rear] = p->adjvex;
                    rear = (rear+1)%MAX_V;
                    visit[p->adjvex] = true;
                } // end if
                p=p->nextarc;
            } // end while(p)
        } // end while (front!=rear)
        return i;   // i 是最后出队的顶点,它就是距离顶点 v 最远的一个顶点
    }// FindMaxDist
```

例 6.5 设计算法输出图中从顶点 *u* 到顶点 *v* 的全部简单路径。

利用深度优先遍历,在算法 6.4 的 DFS 算法基础上,设计功能函数 FindPath(ALGraph G, int u, int v, int *path, int d) 来实现该算法。其中 G 表示图;u 表示路径的起始点编号;v 表示路径的终止点编号;visit[] 是进行访问标记的辅助数组,初始值全部为假;path[] 是存放路径的数组;d 表示路径的长度,初始值为 0。

算法 6.11 求图中两个顶点之间的全部简单路径

```
void FindPath( ALGraph G, int u, int v, int *path, int d )
{
    ArcNode *p;
    path[d] = u;                    // 将当前的起始点放入路径中
    visit[u] = true;                // 设置当前点的访问标记,防止路径中出现重复顶点
    if( u==v )                      // 如果当前起始点已经等于终止点,则说明当前已经找到一条路径
    {
        for( i=0; i<=d; i++ )
            printf("%d", path[i]);  // 输出路径中的顶点
        printf("\n");               // 一条路径结束,输出一个换行符
    }
    else                            // 如果当前起始点不等于终止点,需要继续搜索下去
    {
        p = G->VexNode[u].firstarc;         // 指针 p 指向当前起始点的第一个邻接点
        while( p )
        {
            if( visit[p->adjvex]==false )           // 如果这个顶点未被访问
            {
                FindPath( G,p->adjvex,v,path,d+1 ); // 则以它作为新的起始点递归地
调用自己
                visit[p->adjvex] = false;   // 恢复访问标记,使该顶点可重新使用
            }
            p=p->nextarc;
        } // end while (p)
    } // end else
} // FindPath
```

图　　107

6.5　最小生成树

　　一个连通图的**生成树**（spanning tree）是一个极小连通子图，它含有图的全部顶点，但只有足以构成一棵树的 $n-1$ 条边。如果在生成树上再添加一条边，则必定会构成一个环，因为这条边使得依附于它的两个顶点之间有了第二条路径。满足此条件的生成树可能有多棵，即生成树并不唯一。

　　一棵有 n 个顶点的生成树有且仅有 $n-1$ 条边。如果一个图有 n 个顶点和小于 $n-1$ 条边，则必然是非连通图；如果图中的边多于 $n-1$ 条，则必然有环存在。但是，有 $n-1$ 条边的图不一定是生成树。

6.5.1　最小生成树的定义

　　既然图的生成树不是唯一的，对于边上带有权值的图（网）来说同样可以有若干生成树，通常把树中边的权值之和叫作树的权。在图的所有生成树中，树的权值最小的生成树称为**最小生成树**（Minimum Spanning Tree, MST）。当图中存在若干权值相等的边时，最小生成树也不是唯一的。如果我们需要用最少的电线给一所房子设计电路，或者用最短的光纤将位于若干不同地点的电脑连起来形成一个局域网，就需要用最小生成树来解决类似的问题。

　　例如，要在 n 个城市之间建立通信网络，并希望从任意一个城市都可以通过通信网络到达其他 $n-1$ 个城市。我们知道，连通 n 个城市只需要 $n-1$ 条通信线路，这时自然会考虑一个关键的问题——如何在最节省经费的情况下修建这个通信网络呢？

　　任意两个城市之间都可以修建一条通信线路，当然相应地需要付出一定的经济或者时间的代价。已知 n 个城市之间存在 $n(n-1)/2$ 条线路，那么如何在其中选择 $n-1$ 条线路，使得各个城市之间相互连通并且耗费的代价最小呢？如果用无向网来表示这 n 个城市以及它们之间可能存在的通信线路，则其中无向网的顶点表示城市，边表示城市之间的线路，边的权值代表修建这条线路所耗费的代价（可能是经济代价，也可能是时间等代价），如图 6.3 所示。那么我们的问题就可以转化为如何在这样的一个无向网中找到最小生成树。

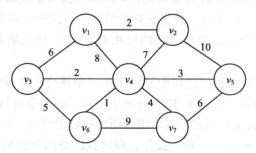

图 6.3　城市公路系统网络示意图

　　这里我们将介绍两种求最小生成树的算法：普里姆（Prim）算法和克鲁斯卡尔（Kruskal）算法。它们的区别在于解决问题的出发点不一样：普里姆算法从顶点的角度出发，逐个将顶点拉入最小生成树中；而克鲁斯卡尔算法则从边的角度出发，依据权值大小

逐个将 $n-1$ 条边拉入最小生成树中。

6.5.2 普里姆算法

在计算最小生成树时，普里姆算法的初始状态仅有一个顶点在最小生成树的顶点集合 U 中，其他顶点都在另一个由不在最小生成树上的顶点构成的集合 V 中。在后续的每一步中，通过选择所有连接最小生成树上的顶点 u 和不在树上的顶点 v 之间的边中权值最小的边 (u, v)，将对应的顶点 v 拉入最小生成树的顶点集合中。当图中所有的顶点都已加入到树中时，算法运行结束，此时得到的 n 个顶点和 $n-1$ 条边就构成了一棵最小生成树。

图 6.4 给出了普里姆算法如何针对图 6.3 所示的无向网，从 v_1 顶点开始，一步步构建最小生成树的过程。最初，树的点集只包含 v_1 这一个顶点，其后的每一步都添加一个顶点和相应的一条边到树这个点集中，直至所有的顶点都被添加进来，即得到该图的一棵最小生成树。

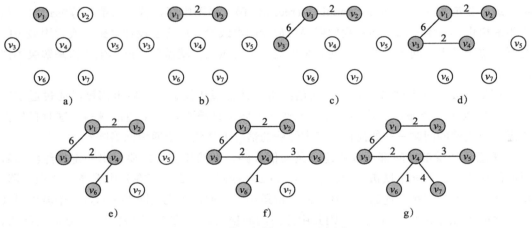

图 6.4 普里姆算法过程示意图

用 V 表示原始无向网所包含的顶点集，U 表示当前最小生成树中包含的点集。初始情况下，$V=\{v_2,v_3,\cdots,v_7\}$，$U=\{v_1\}$。普里姆算法的每一步操作实际就是在点集 $V-U$ 中选取一个顶点，该顶点与 U 中某个顶点之间的边在点集 $V-U$ 和点集 U 之间的所有边中权值最小。

该方法的关键在于每次迭代过程中都要选择一条符合上述条件的权值最小边。假设当前集合 U 中有 m 个顶点，集合 V 中有 $n-m$ 个顶点，那么是否每次都要进行 $m(n-m)$ 次遍历来寻找权值最小的边呢？显然，可以根据历史比较的结果，以及新的顶点加入集合 U 后发生的变化，进行 $n-m$ 次"更新"操作，即可找出新的权值最小的边。这样，算法的时间复杂度就缩小到了原来的 $1/m$。

为此，需要一个辅助数组 closest 来记录中间结果。该数组的每个元素都包含两个域，一个是 lowcost 域，表示点集 V-U 与 U 之间代价最小的边的权值；另一个是 vexcode 域，表示目前在 U 中的某个顶点的编号。每个 lowcost 对应一条边，这条边的一个顶点在 V-U

图 109

中，另一个顶点在 U 中，如果用 vexcode 表示在 U 中的顶点，那么另一个在 $V-U$ 中的顶点号用数组 closest 的位置序号来表示。图 6.5 展示了 closest 数组的处理变化过程。

	1	2	3	4	5	6	7
vexcode	1	1	1	1	1	1	1
lowcost	0	2	6	8	∞	∞	∞

a）closest 数组初始状态

	1	2	3	4	5	6	7
vexcode	1	1	1	1	1	1	1
lowcost	0	2	6	8	∞	∞	∞

b）选中 2 号顶点 v_2

	1	2	3	4	5	6	7
vexcode	1	1	1	2	2	1	1
lowcost	0	0	6	7	10	∞	∞

c）数组更新后选中 3 号顶点 v_3

	1	2	3	4	5	6	7
vexcode	1	1	1	3	2	3	1
lowcost	0	0	0	2	10	5	∞

d）数组更新后选中 4 号顶点 v_4

	1	2	3	4	5	6	7
vexcode	1	1	1	3	4	4	4
lowcost	0	0	0	0	3	1	4

e）数组更新后选中 6 号顶点 v_6

	1	2	3	4	5	6	7
vexcode	1	1	1	3	4	4	4
lowcost	0	0	0	0	3	0	4

f）数组更新后选中 5 号顶点 v_5

	1	2	3	4	5	6	7
vexcode	1	1	1	3	4	4	4
lowcost	0	0	0	0	0	0	0

g）数组更新后选中 7 号顶点 v_7

图 6.5 普里姆算法实现示意图

数组的初始状态如图 6.5a 所示，其中第一行数字表示 closest 数组元素的标号，也用它来表示点集 V 中的 7 个顶点的编号；第二行数据是 closest 数组的 vexcode 域，初始只选中了第一个顶点 v_1 进入最小生成树的点集 U，因此这一行的数据均为 1；第三行是 closest 数组的 lowcost 域，此时记录的是 1 号顶点 v_1 到其余顶点边的权值，由于 v_1 到 v_5、v_6、v_7 没有边，因此对应的 lowcost 为极大值。由于 v_1 已经被选中，因此 closest 数组中相应第一个元素的 lowcost 域置 0。接下来的步骤如下：

（1）在图 6.5a 的 closest 数组中寻找 lowcost 域除了 0 以外的最小值（0 值对应的是已经被选中的顶点编号，不能重复选择顶点）。可以发现 2 号元素的 lowcost 最小，因此将 2 号顶点 v_2 选中进入点集 U，如图 6.5b 所示。

（2）对 closest 数组进行更新——首先将 2 号元素的 lowcost 域置 0，表示 2 号顶点 v_2 已被选中；然后观察 v_2 与剩余未被选中顶点之间边的权值，由于边（v_2，v_4）的权值小于边（v_1，v_4）的权值，（v_2，v_5）的权值小于边（v_1，v_5）的权值，因此更新 closest 数组中的 4 号和 5 号元素的 vexcode 域和 lowcost 域，如图 6.5c 所示。然后在 closest 数组中继续寻找 lowcost 域除了 0 以外的最小值，此时找到 3 号元素最小，因此将 3 号顶点 v_3 选中进入点集 U，如图 6.5c 所示。

（3）继续对 closest 数组进行更新——首先将 3 号元素的 lowcost 域置 0，表示 3 号顶点 v_3 已被选中；然后观察 v_3 与剩余未被选中顶点之间边的权值，由于边（v_3，v_4）和边（v_3，v_6）的权值都比 closest 数组中原先的 4 号和 6 号元素的 lowcost 域小，因此在这两个位置上对 closest 的两个域进行更新，如图 6.5d 所示。然后在当前的 closest 数组中继续寻找 lowcost 域除了 0 以外的最小值，发现 4 号元素最小，因此将 4 号顶点 v_4 选中进入点集 U，如图 6.5d 所示。

（4）以此类推，继续对 closest 数组进行更新，然后选出相应的顶点，直到所有的顶点都被选中进入到点集 U 中，算法结束（如图 6.5e、图 6.5f 和图 6.5g 所示）。

可见，每一轮操作主要都有以下 3 个步骤。

第 1 步：在 closest 数组中寻找一个最小权值的边，该边连接树上的顶点 u 和不在树上的顶点 k。

第 2 步：通过该最小权值的边，将不在树上的顶点 k "拉入" 树上顶点的集合。

第 3 步：由于顶点 k 加入树上顶点集合，比较其他不在树上的顶点 v 到树上顶点的原有最小权值距离和到新的顶点 k 的权值距离，并更新为两者的最小值。

综上，设图以邻接矩阵表示法表示，则普里姆算法实现如下。

算法 6.12　基于邻接矩阵表示法的普里姆算法

```
struct
{
    int vexcode;
    int lowcost;
} closest[MAX_V+1];                         // 定义辅助数组 closest 的结构
void MinSpanningTree_Prim( MGraph G, int v)
{   // 从顶点 v 出发采用 Prim 算法计算图的最小生成树
    for( j=1; j<=G.vexnum; j++ )            // 对数组 closest 进行初始化处理
    {
        closest[j].lowcost = G.arcs[v][j];
        closest[j].vexcode = v;
    }
    closest[v].lowcost = 0;                 // 标记 v 已经被选中（第一个被选中的顶点）
    for( i=2; i<=G.vexnum; i++)             // 将剩余的 G.vexnum-1 个顶点加入最小生成树
    {
        min = INFINITY;
        // 第 1 步：在数组 closest 中寻找 lowcost 域的非零最小值
        for( j=1; j<=G.vexnum; j++ )
        {
            if( closest[j].lowcost!=0 && closest[j].lowcost<min )
            {
                min = closest[j].lowcost;
                k = j;                       // 记录具有最小 lowcost 的元素位置
            } // end if
        } // end for j
        // 第 2 步：选中本轮的最小权值边对应的顶点 k
        printf("边 (%d,%d) 权为: %d\n", k, closest[k].vexcode, min);
        closest[k].lowcost=0;               // 标记 k 已经被选中
        // 第 3 步：由于顶点 k 的加入，对 closest 数组进行更新
        for( j=1; j<=G.vexnum; j++)
        {
            if( G.arcs[k][j] < closest[j].lowcost )  // 不在树上的顶点到新加入树的
```

图 111

顶点 k 的距离比原来的小

```
                {
                    closest[j].lowcost = G.arcs[k][j];
                    closest[j].vexcode = k;
                } // end if
        } // end for j
    } // end for i
} // MinSpanningTree_Prim
```

普里姆算法的核心部分是一个双重循环。若无向网中一共有 n 个顶点，则第一重循环的频度是 $n-1$，其中有两个内循环：一个是遍历 closest 数组寻找 lowcost 域的最小值，频度是 n；另一个内循环是对 closest 数组进行更新，频度也是 n。因此普里姆算法的时间复杂度是 $O(n^2)$，与无向网中边的个数没有关系。该算法适合计算稠密图的最小生成树。

6.5.3 克鲁斯卡尔算法

克鲁斯卡尔算法的过程是：连续按照最小的权选择边，当所选边不产生回路时，就把它选定。如果无向网包含 n 个顶点，那么需要选定 $n-1$ 条边。对于图 6.3 所示的无向网，需要选定 6 条边，其实现过程如图 6.6 所示。

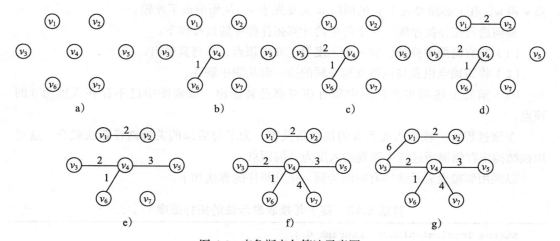

图 6.6 克鲁斯卡尔算法示意图

如何判定一条边 (u,v) 能不能被选中呢？即如何判定边 (u,v) 是否会在当前已选中的最小生成树的点集中形成回路。回路的判断可以使用并查集等结构来实现，读者可参阅相关资料尝试自行实现。

显然，事先将边按照权值排序会更便于选择，可以考虑利用堆来进行这个排序。克鲁斯卡尔算法的时间复杂度是 $O(eloge)$，其中 e 表示无向网中边的数目。可见，克鲁斯卡尔算法的时间复杂度与边的数目有关。因此该算法适合计算稀疏图的最小生成树。

6.6 拓扑排序与关键路径

6.6.1 拓扑排序

拓扑排序 (topological sort) 是对有向无环图的顶点的一种排序。如果存在一条从 v_i 到 v_j 的路径，那么在拓扑排序中，v_j 一定出现在 v_i 的后面。图 6.7 展示了某大学的课程设置结构图，其中有向边 (v,w) 表示课程 w 的先修课程是 v。此外，拓扑排序不必是唯一的，任何合理的排序都是可以的。对于图 6.7 来说，以下两个序列都是它的拓扑序列：$\{C_1,C_2,C_3,C_4,C_5,C_6,C_7\}$ 和 $\{C_1,C_3,C_2,C_5,C_4,C_6,C_7\}$。

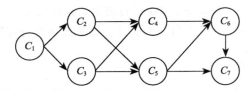

图 6.7 表示课程结构的有向无环图

如果有向图中有回路，那么该图中不存在拓扑序列。这是因为对于回路上的两个顶点 v 和 w，在 v 必须要先于 w 的同时 w 又要先于 v，从而形成了死锁。

如何进行拓扑排序呢？一个简单的计算拓扑排序的过程如下：

（1）在有向图中找到任意一个入度等于 0 的顶点，并将其输出；

（2）将该顶点以及与该顶点相关联的边一起从图中删除；

（3）重复上述两步直到图中所有顶点都已被输出，或者图中已不存在入度为 0 的顶点。

在该过程中，找到入度为 0 的顶点是关键。为了与后续的关键路径算法联合，这里用栈结构来存储遍历过程中遇到的入度为 0 的顶点。

以采用邻接表表示法的有向图为例，拓扑排序的算法如下。

算法 6.13 基于邻接表表示法的拓扑排序

```
Status TopologicalSort( ALGraph G )
{
    ArcNode *p;
    int count=0;                      // 统计拓扑排序过程中访问到的顶点总数
    int Stk[MAX_V], top=-1;           // 使用一个栈结构辅助拓扑排序
    int indegree[MAX_V];              // 用来存放每个顶点的入度
    for( i=0; i<G.vexnum; i++ )       // 对存储入度的数组进行初始化
        indegree[i]=0;

    // 第 1 步：遍历邻接表，统计每个顶点的入度
    for( i=0; i<G.vexnum; i++ )
    {
        p = G.VexNode[i].firstarc;
        while( p )
```

图　　113

```
        {
            indegree[p->adjvex]++;           // 被指向的结点的入度加 1
            p=p->nextarc;
        }
    }
    // 第 2 步: 将所有入度为 0 的顶点入栈
    for( i=0; i<G.vexnum; i++ )
    {
        if( indegree[i]==0 )   Stk[++top] = i;
    }
    while( top>=0 )                          // 在栈非空时进行循环
    {
        // 第 3 步: 通过栈实现拓扑排序的输出
        i = Stk[top--];                      // 弹栈
        printf(G.vexs[i]);                   // 输出弹出的顶点
        count++;                             // 记录访问的顶点数目
        // 第 4 步: 输出入度为 0 的顶点后, 更新与之邻接的顶点的入度
        p = G.VexNode[i].firstarc;
        while( p )        // 将当前顶点以及相关联的边删除, 对入度的数组进行更新
        {
            indegree[p->adjvex]--;           // 对应顶点的入度减 1
            if( indegree[p->adjvex] ==0)     // 如果入度为 0 则入栈
                Stk[++top]=p->adjvex;
            p=p->nextarc;
        } // end while p
    } // end while top
    if( count<G.vexnum )
    return FALSE;    // 如果访问到的顶点数小于图的顶点总数, 则图中有环, 拓扑排序不成功
    else
        return TRUE;                         // 否则, 拓扑排序成功
}// TopologicalSort
```

上述算法的时间复杂度为 $O(n+e)$，n 和 e 分别是有向图中顶点的数量和边的数量。如果采用邻接矩阵表示法，则拓扑排序的时间复杂度为 $O(n^2)$。上面我们提到有向图中如果有回路，则不存在拓扑序列，因此也可以利用拓扑排序来判断一个有向图是否有环，即如果拓扑排序成功，则说明有向图中没有环，否则说明有向图中有环。

6.6.2　AOE 网与关键路径

有向无环网的一个重要应用是关键路径分析。

假设在有向网中，顶点表示事件；边代表具有优先关系的活动，即一条有向边 (v,w) 表示该活动中事件 v 必须发生在事件 w 之前；有向边 (v,w) 的权值表示活动需要花费的时间或者代价。当然，这意味着有向网必须是无环的。这种类型的图经常用来模拟工程方案的构建，也称为 AOE（Activity On Edge）网。在这种情况下，有几个重要的问题需要解答：首先，工程的最早完成时间是何时？其次，哪些活动是影响整个工程进度的关键？

由于一般的工程都只有一个开始点和一个完成点，所以在正常情况下，一个表示工

程方案的 AOE 网（无环）只有一个入度为零的顶点，称为**源点**，表示工程方案的开始，以及一个出度为零的点，称为**汇点**，表示工程方案的结束。在 AOE 网中，从源点到汇点的最长路径（这里的路径长度是路径中包含的边的权值之和，并不是路径中包含的边的数目）称为**关键路径**，完成工程需要的最短时间就是关键路径的长度。

假设在 AOE 网中，x 是源点，z 是汇点。下面给出在求取关键路径时需要用到的一些变量与概念。

（1）事件 k 的**最早开始时间** $\text{ve}(k)$，是从源点到顶点 k 的最长路径的长度。事件的最早开始时间决定了所有从事件 k 开始的活动能够开工的最早时间。推算公式为

$$\text{ve}(x) = 0$$
$$\text{ve}(k) = \text{MAX}\{\text{ve}(j)+w(j,k)|(j,k) \in T\} \tag{6.1}$$

其中 $w(j,k)$ 表示边 (j,k) 的权值，T 表示所有终止点为 k 的边的集合。

（2）事件 k 的**最晚开始时间** $\text{vl}(k)$，是在不推迟整个工期的前提下，事件 k 最迟必须开始的时间。它等于整个工程的关键路径的长度减去从顶点 k 到汇点的最长路径的长度。推算公式为

$$\text{vl}(z) = \text{ve}(z)$$
$$\text{vl}(k) = \text{MIN}\{\text{vl}(j)-w(k,j)|(k,j) \in P\} \tag{6.2}$$

其中 $w(k,j)$ 表示边 (k,j) 的权值，P 表示所有起始点为 k 的边的集合。

（3）事件 k 的最晚开始时间与最早开始时间之差，意味着事件 k 的开始有一个时间余量。若 $\text{vl}(k)=\text{ve}(k)$，则 k 为一个关键事件。

（4）若有一个活动 (v,w)，其起始点 v 和终止点 w 均为关键事件，则该活动即为**关键活动**。显然，关键路径上的活动都是关键活动，提前完成非关键活动并不能加快工程的进度。

上述两个递推公式（式（6.1）和式（6.2））的计算必须在拓扑有序和拓扑逆有序的前提下进行。也就是说事件 k 的最早开始时间 $\text{ve}(k)$ 必须在 k 的所有前驱的最早开始时间计算完成后才能确定；而事件 k 的最晚开始时间 $\text{vl}(k)$ 则必须在 k 的所有后继的最迟开始时间计算完成后才能确定。因此，应该在拓扑排序的基础上计算每个事件的最早和最迟开始时间。

以图 6.8 所示的 AOE 网为例，图中包含 11 个活动、9 个事件。顶点 0 是源点，顶点 8 是汇点，边的权值代表活动所需时间。其拓扑序列为 $\{0,3,5,2,1,4,6,7,8\}$。首先计算各个顶点的最早开始时间：

（1）$\text{ve}(0)=0$

（2）$\text{ve}(3)=5$

（3）$\text{ve}(5)=\text{ve}(3)+6=11$

（4）$\text{ve}(2)=4$

（5）$\text{ve}(1)=6$

（6）$\text{ve}(4)=\text{MAX}\{\text{ve}(1)+1,\text{ve}(2)+1\}=7$

（7）$\text{ve}(6)=\text{ve}(4)+8=15$

图   115

（8）ve(7)=MAX{ve(4)+7,ve(5)+4}=15

（9）ve(8)=MAX{ve(6)+2,ve(7)+4}=19

然后求所有事件的最迟开始时间：

（1）vl(8)=ve(8)=19

（2）vl(7)=vl(8)−4=15

（3）vl(6)=vl(8)−2=17

（4）vl(4)=MIN{vl(6)−8,vl(7)−7}=8

（5）vl(1)=vl(4)−1=7

（6）vl(2)=vl(4)−1=7

（7）vl(5)=vl(7)−4=11

（8）vl(3)=vl(5)−6=5

（9）vl(0)=MIN{vl(1)−6,vl(2)−4,vl(3)−5}=0

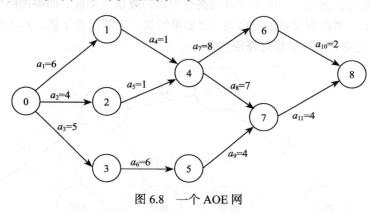

图 6.8   一个 AOE 网

基于此，可以得到每个顶点（事件）的最早开始时间和最迟开始时间的列表，如表 6.1 所示。

表 6.1   事件的最早开始时间和最迟开始时间

事件	0	1	2	3	4	5	6	7	8
ve	0	6	4	5	7	11	15	15	19
vl	0	7	7	5	8	11	17	15	19

由此可以发现，事件 0、3、5、7 和 8 都是关键事件，由这些事件所决定的活动 a_3、a_6、a_9、a_{11} 都是关键活动。这些关键活动构成了关键路径。因此，分析关键事件、关键路径的目的是辨别哪些是关键活动，以便控制整个工期进度。注意，一个 AOE 网中可能存在多条关键路径。当然，缩短关键活动的时间，不一定会直接缩短整个工期的相应时间，因为这有可能使其他的路径成为新的关键路径。

根据上述计算规则，可以较为方便地实现关键路径求解的算法。需要注意的是，最早开始时间的计算过程和拓扑排序的顺序一致，两者可同时完成。最晚开始时间的计算过程恰好是拓扑排序的逆序。所以，在拓扑排序的计算过程中，可以在顶点弹栈输出后立即压入另外一个栈，形成拓扑排序的逆序，然后根据这个逆序进行最晚开始时间的计算。具体算法读者可以参考相关资料自行完成。

6.7 最短路径问题

如图 6.9 所示，假设以顶点表示城市，边表示城市之间的交通联系，边的权值代表相应城市之间交通联系的代价，这个代价可以是城市之间的距离、途中需要的时间或者交通费用等。那么，利用这个图可以回答出行旅客关于路线的一些咨询。例如，旅客想知道从城市 A 到城市 B 的哪条交通线路的中间换乘次数最少。假如每个顶点都表示一次换乘，那么这个问题其实就是从由顶点 A 到顶点 B 的路径中寻找一条包含边的数量最少的路径。这个问题可以利用我们前面介绍的图的广度优先遍历算法完成。但是，更多时候旅客可能更关心交通代价的问题，比如要花多少钱、路上要用多少时间，而司机会更关心交通线路的距离问题。此时，路径的长度不应该用路径中边的数量来衡量，而要用路径包含的边的权值之和来表示。考虑到交通的有向性（比如单行线，上坡或者下坡，水运中的逆水和顺水等），本节将讨论有向网的**最短路径问题**。

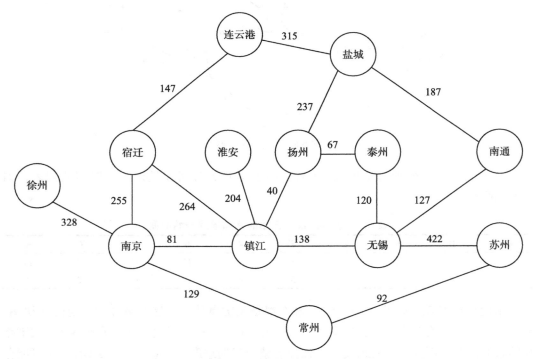

图 6.9 一个表示交通网的示例图

6.7.1 单源最短路径问题

首先讨论单源点的最短路径问题，即在有向网中指定一个起始点 v，找出从 v 到有向网中其余每个顶点的最短路径。解决单源最短路径问题的一个经典方法叫作**迪杰斯特拉**

图   117

（Dijkstra）**算法**。该算法按阶段进行，在每个阶段，算法首先选择一个顶点 u，该顶点在所有剩余顶点中与起始点 v 的距离最近，然后以此距离为基础，更新起始点 v 与其余未被选中的顶点之间的路径距离，接着继续进行选择，直到所有顶点都被选择到，算法结束。

求图 G 中从顶点 v 到其余顶点最短路径的迪杰斯特拉算法的具体步骤如下：

（1）假设 S 为已求得最短路径的终点的点集，在初始时，S 只包含起始点 v，而点集 U 包含图中除了顶点 v 以外的所有顶点。点集 S 与 U 的关系是 $S \cap U = \varnothing$，且 $S + U = G$。

（2）从 U 中选择一个顶点 u，它是源点 v 到 U 的距离最近的一个顶点，将 u 加入 S。

（3）继续从 U 中选择下一个与源点距离最近的顶点。该如何选择呢？可以证明：下一条最短路径是一个具有最小权值的边 (v, w)，其中 $w \in U$，或者是只能经过 S 中的顶点而到达终点 w（$w \in U$）的路径。将选中的顶点 w 加入点集 S。

（4）重复步骤 3，直到点集 U 为空。

以图 6.10 所示的有向网为例，假设以顶点 0 为起始点，求它到其余顶点的最短距离。

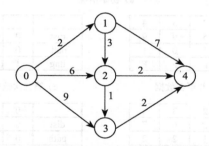

图 6.10   有向网（Dijkstra 算法示例）

为了实现上述的迪杰斯特拉算法，我们需要三个辅助数组，即 dist[]、path[] 和 flag[]。其中 dist[i] 表示从 0 号顶点到顶点 i 的最短距离；若 path[i]=j，则表示从 0 号顶点到达顶点 i 会经过顶点 j；flag[i] 表示顶点 i 的选中状态，TRUE（T）表示已被选入点集 S，否则表示未被选中。图 6.11 展示了在计算最短路径过程中，这三个数组的取值情况。

（1）在初始情况下，只有起始点即顶点 0 被选中，其余顶点均是未选中状态。dist 数组中记录的是 0 号顶点与其余顶点之间当前的最短路径，即起始点与其余顶点边的权值，如果不存在边，则权值为无穷大。

（2）在当前的 dist 数组中选择一个最小值，且相应的 flag 标志为 "F"。如图 6.11b 所示，顶点 1 被选中，将其 flag 标志设为 "T"；然后观察如果以顶点 1 为中转，则起始点到其余顶点的最短距离是否会减少。由于从 1 号顶点到 2 号和到 4 号顶点都存在有向边，因此，如果以 0 号顶点出发经过 1 号顶点到达 2 号顶点，则路径长度为 5。这个长度比原先的从顶点 0 直接到顶点 2 的路径长度 6 要小，因此更新 dist[2]=5，更新 path[2]=1。同理，如果以 0 号顶点出发经过 1 号顶点到达 4 号顶点，则路径长度为 9，该长度比原先的无穷大要小，因此更新 dist[4]=9，更新 path[4]=1。

（3）继续在当前更新的数据中寻找一个 flag 标志为 "F" 同时 dist 最小的值。如图

6.11c 所示，顶点 2 被选中。然后按照同样的方式在选中新的顶点 2 后更新数据表。

（4）重复上述步骤，直到所有顶点均被选中，如图 6.11e 所示，算法结束。此时，从顶点 0 到其余 4 个顶点的最短路径保存在数组 path 中，而相应的路径长度则保存在数组 dist 中。最后得到的结果如下：

从顶点 0 到顶点 1 的最短距离为 2，最短路径为 $0 \rightarrow 1$。

从顶点 0 到顶点 2 的最短距离为 5，最短路径为 $0 \rightarrow 1 \rightarrow 2$。

从顶点 0 到顶点 3 的最短距离为 6，最短路径为 $0 \rightarrow 1 \rightarrow 2 \rightarrow 3$。

从顶点 0 到顶点 4 的最短距离为 7，最短路径为 $0 \rightarrow 1 \rightarrow 2 \rightarrow 4$。

	0	1	2	3	4
dist	0	2	6	9	∞
path	0	0	0	0	—
flag	T	F	F	F	F

a）初始情况

	0	1	2	3	4
dist	0	2	5	9	9
path	0	0	1	0	1
flag	T	T	F	F	F

b）第一次选中顶点 1，并更新数据

	0	1	2	3	4
dist	0	2	5	6	7
path	0	0	1	2	2
flag	T	T	T	F	F

c）第二次选中顶点 2，并更新数据

	0	1	2	3	4
dist	0	2	5	6	7
path	0	0	1	2	2
flag	T	T	T	T	F

d）第三次选中顶点 3，并更新数据

	0	1	2	3	4
dist	0	2	5	6	7
path	0	0	1	2	2
flag	T	T	T	T	T

e）第四次选中顶点 4，算法结束

图 6.11　迪杰斯特拉算法实现示意图

以采用邻接矩阵表示法表示的有向网为例，迪杰斯特拉算法的实现如下。

算法 6.14　基于邻接矩阵表示法的迪杰斯特拉算法

```
void Dijkstra(MGraph G,int s)              // s 表示起始点编号
{
    int dist[MAX_V],path[MAX_V];           // 设置三个辅助数组
    bool flag[MAX_V];
    for( i=0; i<G.vexnum ;i++)             // 初始化辅助数组
    {
        flag[i] = false;
        dist[i] = G.arcs[s][i];
        if( dist[i]<INFINITY )      path[i] = s;
        else                        path[i] = -1;
    }
    flag[s] = true;                        // 将起始点设置为被选中状态
    for( i=0; i<G.vexnum-1; i++ )          // 循环选中剩余的顶点
    { // 第 1 步：寻找当前轮中离源点最近的顶点 k
        k = MIN(dist[ ]);   // 在 dist 数组中寻找 flag 标志为 false 的元素的最小值
        flag[k] = true;                    // 找到后将其设置为选中状态
        mindist = dist[k];                 // 将找到的最小值赋值给一个变量
```

图 119

```
            if( mindist<INFINITY )
            {  // 第 2 步：根据本轮选中的顶点 k，更新其他顶点到源点的距离
                for( j=0;  j<G.vexnum; j++)
                {  // 顶点 j 经过 k 到源点比原来更近
                    if( flag[j]==false && dist[j]>mindist+G.arcs[k][j] )
                    {
                        dist[j] = mindist+G.arcs[k][j];
                        path[j] = k;
                    } // end if
                } // end for
            } // end if
    } // end for
}// Dijkstra
```

由上述算法可以发现，迪杰斯特拉算法的时间复杂度是 $O(n^2)$，n 表示图中顶点的个数。无论是用邻接矩阵表示法，还是用邻接表表示法，辅助数组 dist[] 的长度都与顶点数目相关，需要遍历 $n-1$ 次辅助数组。因此无论是采用哪种方式表示图，该算法的时间复杂度均为 $O(n^2)$。

如何将 path 数组中保存的最短路径输出留给读者自行完成。

6.7.2 所有顶点对之间的最短路径

有时需要找出图中所有顶点对之间的最短路径。虽然可以通过调用 n 次迪杰斯特拉算法来实现，但是一种更为高效的方法是采用**弗洛伊德（Floyd）算法**。若对于有向网 G，用一个二维数组 D 存放两两顶点之间的最短路径长度，即 $D[i][j]$ 表示当前顶点 i 到顶点 j 的最短距离。弗洛伊德算法的基本思想是产生一个矩阵序列 $D_0, D_1, \cdots, D_k, \cdots, D_{n-1}$，其中 $D_k[i][j]$ 表示从顶点 i 到顶点 j 的路径上所经过顶点编号不大于 k 的最短路径长度。

初始情况下，若有向网 G 以邻接矩阵表示，则 $D_{-1}[i][j]=G.arcs[i][j]$。若 $D_{k-1}[i][j]$ 已经求出，接下来要求 $D_k[i][j]$，则此时从顶点 i 到顶点 j 的最短路径有两种情况：

（1）一种情况是从顶点 i 到顶点 j 的最短路径不会经过编号为 k 的顶点，此时不需要做调整，$D_k[i][j]= D_{k-1}[i][j]$。

（2）另一种情况是从顶点 i 到顶点 j 的最短路径会经过编号为 k 的顶点，此时路径被分成两段：一段从顶点 i 到 k，最短距离为 $D_{k-1}[i][k]$；另一段从顶点 k 到 j，最短距离为 $D_{k-1}[k][j]$。如果 $D_{k-1}[i][k]+D_{k-1}[k][j]<D_{k-1}[i][j]$，则将经过顶点 k 的路径作为新的从顶点 i 到顶点 j 的最短路径。

归纳起来，弗洛伊德算法的基本思想可用如下的表达式来描述：

$$D_{-1}[i][j] = G.arcs[i][j]$$
$$D_k[i][j] = \text{MIN}(D_{k-1}[i][j], D_{k-1}[i][k]+ D_{k-1}[k][j]) \tag{6.3}$$

该式是一个迭代表达式，D_{k-1} 是已经考虑到顶点 0，1，2，$\cdots$，$k-1$ 这 k 个顶点后得到的两两顶点之间的最短路径长度，$D_{k-1}[i][j]$ 是在考虑了顶点 0，1，2，$\cdots$，$k-1$ 这 k 个顶点后得到的从顶点 i 到顶点 j 的最短路径长度。在此基础上，再考虑顶点 k，求出在考虑了 0，1，2，$\cdots$，k 这些顶点后得到的两两顶点之间的最短距离 D_k。每迭代一次，从顶

点 i 到顶点 j 的最短路径上就多考虑一个顶点，这样经过 n 次迭代后得到的 D_{n-1} 就是考虑了所有顶点后，两两顶点之间的最短路径长度，也就是最后的解。

另外，再用一个二维数组 path 保存最短路径。若 path$[i][j]=k$，则表示顶点 i 到顶点 j 需要经过顶点 k。与迪杰斯特拉算法中采用的方法类似，在该算法结束时，对二维数组 path 的值进行追溯，可以得到从顶点 i 到顶点 j 的最短路径，不过一般需要采用递归的方式进行追溯。

以图 6.12 所示的有向网为例，其对应的邻接矩阵是

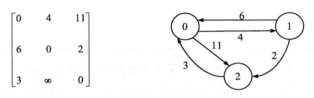

$$\begin{bmatrix} 0 & 4 & 11 \\ 6 & 0 & 2 \\ 3 & \infty & 0 \end{bmatrix}$$

图 6.12   有向网（Floyd 算法示例）

利用弗洛伊德算法的求解过程如下：

（1）初始有

$$D_{-1}=\begin{bmatrix} 0 & 4 & 11 \\ 6 & 0 & 2 \\ 3 & \infty & 0 \end{bmatrix}, \quad \text{path}_{-1}=\begin{bmatrix} -1 & 0 & 0 \\ 1 & -1 & 1 \\ 2 & -1 & -1 \end{bmatrix}$$

（2）考虑顶点 0，$D_0[i][j]$ 表示从 i 到 j 经由顶点 0 的最短路径长度。只有顶点 2 经由顶点 0 到达顶点 1 的路径长度比 $D_{-1}[2][1]$ 短，因此有

$$D_0=\begin{bmatrix} 0 & 4 & 11 \\ 6 & 0 & 2 \\ 3 & 7 & 0 \end{bmatrix}, \quad \text{path}_0=\begin{bmatrix} -1 & 0 & 0 \\ 1 & -1 & 1 \\ 2 & 0 & -1 \end{bmatrix}$$

（3）考虑顶点 1，$D_1[i][j]$ 表示从 i 到 j 经由顶点 1 的最短路径长度。只有顶点 0 经由顶点 1 到达顶点 2 的路径长度比 $D_0[0][2]$ 短，因此有

$$D_1=\begin{bmatrix} 0 & 4 & 6 \\ 6 & 0 & 2 \\ 3 & 7 & 0 \end{bmatrix}, \quad \text{path}_1=\begin{bmatrix} -1 & 0 & 1 \\ 1 & -1 & 1 \\ 2 & 0 & -1 \end{bmatrix}$$

（4）考虑顶点 2，$D_2[i][j]$ 表示从 i 到 j 经由顶点 2 的最短路径长度。只有顶点 1 经由顶点 2 到达顶点 0 的路径长度比 $D_1[1][0]$ 短，因此有

$$D_2=\begin{bmatrix} 0 & 4 & 6 \\ 5 & 0 & 2 \\ 3 & 7 & 0 \end{bmatrix}, \quad \text{path}_2=\begin{bmatrix} -1 & 0 & 1 \\ 2 & -1 & 1 \\ 2 & 0 & -1 \end{bmatrix}$$

最后求得的各个顶点之间的最短路径长度保存在最后的 D_2 中，路径保存在 path$_2$ 中。

图   *121*

以采用邻接矩阵表示法表示的有向网为例，弗洛伊德算法的实现如下。

算法 6.15   基于邻接矩阵表示法的弗洛伊德算法

```
void Floyd( MGraph G )
{
    int D[MAX_V][MAX_V],path[MAX_V][MAX_V];      // 辅助数组
    for( i=0; i<G.vexnum; i++ )                  // 初始化辅助数组
        for( j=0; j<G.vexnum; j++ )
        {
            D[i][j] = G.arcs[i][j];
            if( D[i][j]<INFINITY )   path[i][j] = i;
            else                     path[i][j] = -1;
        }

    for( k=0; k<G.vexnum; k++ )                        // 计算 Dk[i][j]
    {
        for( i=0; i<G.vexnum; i++ )
        {
            for( j=0; j<G.vexnum; j++ )
            {
                if( D[i][j] > D[i][k]+D[k][j] )           // 更新
                {
                    D[i][j]     = D[i][k]+D[k][j];
                    path[i][j] = k;
                } // end if
            } // end for j
        }  // end for i
    }  // end for k
}// Floyd
```

由上述算法可见，弗洛伊德算法需要通过一个三重循环来实现，因此它的时间复杂度是 $O(n^3)$。

利用 path 数组将所有顶点对之间的最短路径进行输出显示留给读者自行完成。

6.8   小结

本章主要讨论了图的抽象数据类型、图的顺序和链式存储方式，以及图的深度遍历、广度遍历和遍历的应用举例，还讨论了图的最小生成树（普里姆算法和克鲁斯卡尔算法）、图的拓扑排序和关键路径、图的最短路径（迪杰斯特拉算法和弗洛伊德算法）等图的应用。图与树不同的是，图的数据元素不仅是顶点本身的信息，还包括边的信息。

特别地，需注意分析和理解在各类图的应用过程中，每轮迭代更新策略的思想和方法。最小生成树、关键路径和最短路径算法都包含迭代更新处理，但这三者的更新策略各有特点。

另外，需要从应用本身出发，关注顶点和边的特点，从而选择合理的表示和存储方

式以及相应的算法策略，进而改善算法的时间复杂度。例如，在计算最小生成树时，对于稠密图，可采用普里姆算法，从顶点着手进行计算；而对于稀疏图，则可采用克鲁斯卡尔算法，从边着手进行计算。

6.9 练习

1. 对于一个无向图 G，给定某个顶点 v，如何求解所有以 v 为起始点（v 也是终点）的简单回路？请编程实现。

2. 在无向图 G 中，请输出从顶点 v 到顶点 u 所有长度为 k 的简单路径。

3. 如果不采用拓扑排序，如何判断一个有向图中是否有回路？

4. 在有向图 G 中，若从顶点 v 到图中所有其他顶点都存在路径，则顶点 v 就是一个根结点。请编程输出有向图 G 中的所有根结点。

5. 在一个无向网中，以顶点 v 为起始点，调用一次迪杰斯特拉算法可以得到从 v 到其余所有顶点的最短路径。这些最短路径与图中的顶点是否可以构成一棵树？如果可以，这棵树是否是一个最小生成树？请说明原因。

6. 调用 N 次迪杰斯特拉算法和一次弗洛伊德算法的时间复杂度都是 $O(N^3)$，它们的执行效率也一样吗？请说明理由（其中 N 表示图中顶点的数量）。

第 7 章　查　　找

7.1　引言

在日常生活中，人们几乎每天都要做"查找"的工作。例如，在搜索引擎上查找基于某关键字的信息；在手机的通讯录中查找某人的电话号码；在图书馆的数据库中查找某书的库存量或摆放位置；在网购平台上查找自己心仪的商品等。这些待查找的数据或记录所构成的集合就称为查找表，而所谓查找，就是在一个包含众多记录的查找表中找出某"特定"记录的过程。此前我们已经学习了各种类型的线性、非线性数据结构，在本章中，我们将讨论适用于不同类型查找表的查找算法，并分析它们的查找效率，从而强调数据结构与算法效率之间的关系。

7.2　查找表的定义与抽象数据类型

查找表（search table）是由同一类型的数据元素（或记录）构成的集合。由于集合中的元素之间存在着非常松散的关系，因此查找表是一种非常灵便的数据结构类型。对查找表可以进行的操作包括：

（1）查询：确定某个特定数据元素（或记录）是否存在于查找表中。

（2）检索：查看某个特定数据元素（或记录）的各种属性。

（3）插入：在查找表中插入一条数据元素（或记录）。

（4）删除：在查找表中删除一条数据元素（或记录）。

若对查找表只能进行前两种操作，则此类查找表称为**静态查找表**（static search table）；以上四种操作均可实现的查找表称为**动态查找表**（dynamic search table）。

关键字（key）是数据元素（或记录）中的某个数据项，它可以用来标识一个数据元素（或一条记录）。若此关键字可以唯一地标识一条记录，则称之为**主关键字**（primary key）；反之，可以用来标识若干条记录的关键字称为**次关键字**（secondary key）。

查找（searching）就是根据给定数值，在查找表中确定关键字等于该给定数值的数据元素（或记录）是否存在的过程。如果存在这样的记录，则**查找成功**，此时查找结果应为指出记录在查找表中的位置，或者给出记录中包含的所有数据项；若查找表中不存在这样的数据元素，则**查找不成功**，此时的查找结果应该是返回一个"空"记录或者"空"指针。

平均查找长度（Average Search Length，ASL）是指在查找过程中，将查找表中的关键字与给定值进行比较的次数的平均值。因为查找算法的基本操作是将查找表中的数据元素（或记录）的关键字与给定值进行比较，所以平均查找长度的大小可以用来衡量查找算法的性能。对于含有 n 个数据元素（或记录）的查找表，查找成功时的平均查找长度为

$$\text{ASL} = \sum_{i=1}^{n} P_i C_i \tag{7.1}$$

其中 P_i 为查找表中第 i 个记录被查找的概率，且 $\sum_{i=1}^{n} P_i = 1$；C_i 为在成功找到第 i 个记录的关键字与给定值相同时，已经与给定值进行过比较的关键字的个数。显然，C_i 的取值与查找算法相关。

查找表的抽象数据类型，定义如下：

```
ADT SearchTable
{
```
　　　　数据对象 D：D 是具有相同特性的数据元素的集合，各个数据元素均含有类型相同且可唯一标识数据元素的关键字
　　　　数据关系 R：数据元素同属一个集合
　　　　基本操作 P：
```
        //1. 初始化和销毁操作
        Create( &ST, n )
```
　　　　　　操作结果：构造一个含有 n 个数据元素的查找表
```
        Destroy( &ST )
```
　　　　　　初始条件：查找表 ST 存在
　　　　　　操作结果：销毁查找表 ST
```
        //2. 访问型操作
        Search( ST, key )
```
　　　　　　初始条件：查找表 ST 存在，key 为待查找的关键字
　　　　　　操作结果：若 ST 中包含关键字等于 key 的记录，则返回该记录的位置；否则返回"空"
```
        Traverse(ST)
```
　　　　　　初始条件：查找表 ST 存在
　　　　　　操作结果：按某种次序对表中的所有记录访问一次仅且一次
```
        //3. 加工型操作
        Insert( &ST, e )
```
　　　　　　初始条件：查找表 ST 存在，e 为待插入的记录
　　　　　　操作结果：若 ST 中不存在关键字等于 e.key 的记录，则将 e 插入 ST
```
        Delete( &ST, key )
```
　　　　　　初始条件：查找表 ST 存在，key 为待删除的记录的关键字
　　　　　　操作结果：若 ST 中存在关键字等于 key 的记录，则删除之
```
} // SearchTable
```

7.3　顺序表的查找

静态查找表类似于全国的电话区号、邮政编码等，我们经常在其中进行数据的查找，而表本身不会发生变化。一般的静态查找表采用顺序存储的线性表表示。

基于顺序结构的静态查找表存储结构定义如下：

```
typedef struct
{
    ElemType *SeqList; // 顺序表存储空间基地址，建表时按需分配存储空间，一般 0 号单元留空
    int length;        // 查找表的长度
} SearchTable;         // 顺序查找表的类型定义
```

7.3.1 顺序查找

顺序查找是一种最简单的查找算法。它的基本过程是：从查找表的一端开始，顺序遍历查找表，依次将遍历到的关键字与给定的数值 key 进行比较。若当前遍历到的关键字与 key 相等，则查找成功；若遍历结束后，仍未找到关键字等于 key 的记录，则查找失败。该顺序查找可以用如下算法实现。

算法 7.1 顺序查找算法

```
int SeqSearch( SearchTable R, KeyType key )
{
    R.SeqList[0].key = key;                              // 0 号单元作为哨兵使用
    for( i=R.length; R.SeqList[i].key!=key; i-- ) ; // 从后向前进行顺序查找
    return i;                                            // 返回查找结果，若查找失败则返回 0
}// SeqSearch
```

这个算法采用从后向前的遍历顺序，并使用查找表中的 0 号单元作为哨兵，可以免去查找过程中每一步都需要判断计数器 i 是否已经超过查找表的表长的步骤。这里的 0 号单元起到了一个监视哨的作用。这仅是一个编程技巧上的改进，并不能从本质上改变算法的时间复杂度或查找的 ASL。但实践证明，这个小小的改进可以使得顺序查找在表长超过 1000 时，明显减少一次查找所需的平均时间，极大地提高查找的效率。

对于顺序查找的查找性能，若顺序表表长为 n，则从其算法过程可以看出，其 C_i 的大小取决于所查记录在顺序表中的位置。例如，如果要查找的是表中最后一个元素，那么 $C_i=1$；而如果要查找的是表中第一个元素，则 $C_i=n$。一般情况下 $C_i=n-i+1$。假设每个查找表中的每个数据被查找的概率相等，即 $P_i=1/n$，则在该等概率情况下，顺序查找的平均查找长度 ASL 为

$$\text{ASL} = \sum_{i=1}^{n} P_i C_i = \frac{1}{n} \sum_{i=1}^{n} (n-i+1) = \frac{n+1}{2} \qquad (7.2)$$

这是查找成功的情况，那么对于查找不成功的情况呢？如果给定的数值在查找表中并不存在，则查找不成功，此时表中所有的关键字都与给定值进行了比较，包括哨兵。因此查找不成功的 C_i 均等于 $n+1$，则在等概率情况下，其平均查找长度 ASL 也等于 $n+1$。这也是顺序查找的最坏情况，因此顺序查找的时间复杂度为 $O(n)$。

在实际情况中，有时顺序查找未必是等概率的。例如，在通讯录中，关系亲密的好友、家人被查找的概率必定会高于关系普通的人；在医院的病例档案中，发病率高、传染性强的疾病的病例被查找的概率也会高于那些罕见病的病例。在这种情况下，为了减少比较次数、提高查找效率，应该将表中的记录按照其查找概率逆序排序：查找概率高的放在查找表的末端，反之亦然。但是，在大多数情况下，每个记录被查找的概率无法事先获知。为了解决这个问题，可以在每条记录中再增设一个域，用于保存该条记录被查找的频次，使得顺序查找表始终按照该频次逆序排序。这样，在查找过程中，经常被查找的记录将随着查找频次的不断增加而被不断后移，以便在之后的查找中节省比较的次数。

7.3.2 折半查找

上述顺序查找的时间复杂度为 $O(n)$，原因在于表中数据的无序性，即每次都需要遍历整个查找表。如果数据是按照 key 有序排序的，那么是否可以设计一个新的算法策略以降低时间复杂度呢？人们由此提出了折半查找方法。

折半查找又叫作二分查找，要求顺序表按关键字有序（假设是递增有序）。其基本思想是：先确定待查记录在查找表中的区间，然后每次折半这个区间以逐步缩小范围，直到找到待查记录或区间用尽为止。

7.3.2.1 折半查找的基本过程

以一个包含 11 条记录的有序查找表（关键字即为数据元素的值）为例，现在要查找关键字分别为 34 和 76 的数据元素。

1	2	3	4	5	6	7	8	9	10	11
12	24	30	34	41	48	59	62	70	74	81

要进行折半查找，首先需要设定三个变量 low、high 和 mid。low 表示查找范围的下界，high 表示查找范围的上界，mid 表示 low 和 high 所限定的区间的中间位置，即 mid= $\lfloor$(low+high)/2$\rfloor$。那么在初始情况下，low 和 high 的取值则分别为 1 和 11，表示当前的查找范围是 [1,11]，此时 mid 的取值为 6。

1	2	3	4	5	6	7	8	9	10	11
12	24	30	34	41	48	59	62	70	74	81

↑ low   ↑ mid   ↑ high

key=34 的查找过程如下：

（1）将查找表中 mid 位置上的元素的关键字与 key 进行比较。因为 R.SeqList[mid].key>key 且查找表递增有序，所以若 key 存在，则其必然在区间 [low，mid−1] 的范围内。因此更新下一步的查找范围，即令 high=mid−1=5，low=1 保持不变，重新计算 mid= $\lfloor$(1+5)/2$\rfloor$ =3。

1	2	3	4	5	6	7	8	9	10	11
12	24	30	34	41	48	59	62	70	74	81

↑ low   ↑ mid   ↑ high

（2）仍将查找表中 mid 位置上的元素的关键字与 key 进行比较。因为 R.SeqList[mid].key<key，所以若 key 存在，则其必然在区间 [mid+1，high] 的范围内。因此继续更新下一步的查找范围，即令 low=mid+1=4，high=5 保持不变，重新计算 mid= $\lfloor$(4+5)/2$\rfloor$ =4。

1	2	3	4	5	6	7	8	9	10	11
12	24	30	34	41	48	59	62	70	74	81

↑ ↑   ↑ high
low
mid

（3）继续将查找表中 mid 位置上的元素的关键字与 key 进行比较。因为

R.SeqList[mid].key 与 key 相等，所以查找成功。当前的 mid 即表示待查找数值在查找表中的位置。

可见，每进行一次查找，就舍弃当前区间的一半查找空间，这也是"折半"的含义所在。

key=76 的查找过程如下：

（1）初始情况与查找 34 时的相同，即 low 和 high 的取值则分别为 1 和 11，表示当前的查找范围是 [1,11]，mid= $\lfloor (low+high)/2 \rfloor$ =6。

1	2	3	4	5	6	7	8	9	10	11
12	24	30	34	41	48	59	62	70	74	81

↑ low　　　　　　　　　↑ mid　　　　　　　　　　　↑ high

（2）由于 R.SeqList[mid].key<key，所以令 low=mid+1=7，high=11 保持不变，mid= $\lfloor (7+11)/2 \rfloor$ =9。

1	2	3	4	5	6	7	8	9	10	11
12	24	30	34	41	48	59	62	70	74	81

↑ low　　　　↑ mid　　　　↑ high

（3）由于此时 R.SeqList[mid].key<key，所以令 low=mid+1=10，high=11 保持不变，mid= $\lfloor (10+11)/2 \rfloor$ =10。

1	2	3	4	5	6	7	8	9	10	11
12	24	30	34	41	48	59	62	70	74	81

↑ ↑　↑ high
low
mid

（4）此时 R.SeqList[mid].key 还是小于 key，继续令 low=mid+1=11，high=11 保持不变，此时 mid 也等于 11。

1	2	3	4	5	6	7	8	9	10	11
12	24	30	34	41	48	59	62	70	74	81

↑ low
↑ mid
↑ high

（5）由于 R.SeqList[mid].key>key，于是令 high=mid−1=10，low=11 保持不变。此时作为区间上界的 high 比区间下界 low 还要小，说明该区间不存在，因此查找表中不存在关键字等于 key 的记录，查找不成功。

根据上述查找成功和查找不成功的举例，我们可以看出算法执行的策略。由此可得折半查找的算法实现如下。

算法 7.2　折半查找算法

```
int BinarySearch( Stable R, KeyType key )
{      // 折半查找算法
    int low=1, high=R.length, mid;        // 设置初始查找区间
    while( low<=high )                     // 只要查找区间存在
```

```
    {
        mid = (low+high)/2;                     // 计算查找区间的中间位置
        if( R.SeqList[mid].key==key )           // 查找成功
            return mid;
        else if( R.SeqList[mid].key<key )       // 继续在后半区查找
            low = mid+1;
        else                                    // 继续在前半区查找
            high = mid-1;
    } // end while
    return 0;                                   // 查找不成功
}// BinarySearch
```

7.3.2.2　折半查找的性能分析

折半查找的查找过程可以用图 7.1 所示的二叉树来描述，该二叉树也称为**判定树**。二叉树的每个结点代表查找表中的一个记录，结点中的数字表示该记录在查找表中的位置。图中的虚线表示查找关键字为 34 和 76 时的查找路径。例如在查找 34 时，由于其位于查找表中的 4 号位置，所以查找过程是一条从根结点到结点 4 的路径。由上述查找过程可知，如果要查找的是 6 号位置上的元素，则只需要进行一次比较即可；如果要查找的是位于 3 号或者 9 号位置上的元素，则只需要进行两次比较；如果要查找位于 1、4、7 或 10 号位置上的元素，则需要进行三次比较；如果要查找位于 2、5、8 或 11 号位置上的元素，则需要进行四次比较。由此可见，查找每个结点所需要的比较次数与该结点在判定树中的层次有关。因此，在查找成功的情况下，折半查找所需的最多比较次数不会超过树的深度。那么包含 n 个结点的判定树的高度是多少呢？判定树不一定是完全二叉树，但是它的叶子结点所在的层次之差最多为 1，且 n 个结点的判定树的深度与 n 个结点的完全二叉树的深度是相同的。由此可知，判定树的深度为 $\lfloor \log_2 n \rfloor + 1$，故而折半查找的时间复杂度为 $O(\log n)$。

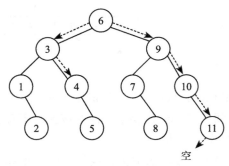

图 7.1　折半查找过程示意图

以上是折半查找成功的情况，那么查找不成功的情况呢？根据图 7.1 所示的在查找关键字 76 时走过的查找路径可以发现，如果查找路径走向一个不存在的结点，那么查找将不成功。若将图 7.1 所示的判定树中真正存在的结点称为内部结点，而内部结点指向的空域称为外部结点，那么折半查找不成功就意味着走了一条从根结点到外部结点的查找路径。如图 7.2 所示，虚线表示的结点均为外部结点。因此在折半查找不成功时，所需的比较次数最多不超过判定树的深度。

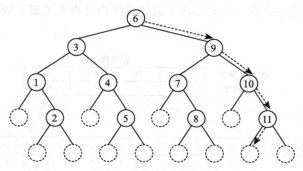

图 7.2　加上外部结点的折半查找过程示意图

那么折半查找的平均查找长度是多少呢？为了讨论方便，假定查找表的长度 $n=2^h-1$，即其判定树是一个深度等于 h 的满二叉树。那么在该判定树中，根据二叉树的属性可知，第一层包含 1 个结点，第二层包含 2 个结点，……，第 h 层包含 2^{h-1} 个结点。若进行等概率查找，即 $P_i=1/n$，则在查找成功时，折半查找的平均查找长度为

$$\begin{aligned} \mathrm{ASL} &= \sum_{i=1}^{n} P_i C_i \\ &= \frac{1}{n}\sum_{j=1}^{h}(j\times 2^{j-1}) \\ &= \frac{n+1}{n}\log_2(n+1)-1 \end{aligned}$$

（7.3）

当 n 较大时，可有近似结果：

$$\mathrm{ASL}=\log_2(n+1)-1$$

（7.4）

可见，折半查找比顺序查找的效率要高。但折半查找只能用于有序的顺序存储结构，对有序的链式存储结构无法进行折半查找，原因请读者自行思考。

7.3.3　索引查找

索引查找又称为分块查找，是顺序查找的一种改进方法。在索引查找中，除了查找表本身以外，还需要额外的空间来创建一个"索引表"。如图 7.3 所示，查找表本身长度为 20，可将该表分为 4 个子表（块），即 $(R_0, R_2, \cdots, R_4)$、$(R_5, R_6, \cdots, R_9)$、$(R_{10}, R_{11}, \cdots, R_{14})$ 和 $(R_{15}, R_{16}, \cdots, R_{19})$。为每个子表建立一个索引项，每个索引项包含两个域：一个是关键字，等于该子表内最大的关键字的值；另一个域是指针域，指向该子表的第一条记录在查找表中的位置。索引表按关键字有序，查找表的整体则是分块有序。所谓分块有序是指：第二个子表中的所有关键字均大于第一个子表的最大关键字，第三个子表中的所有关键字均大于第二个子表的最大关键字，以此类推。

因此，索引查找需要分两步进行，即首先确定待查关键字 key 所在的子表，然后在相应的子表中进行顺序查找，最终确定 key 的具体位置。例如，若要查找关键字等于给定值 key=71 的记录，可以首先在索引表中顺序查找，因为 70<key<89，所以关键字 71 若存

在，则必然在第三个子表中。由于第三个子表在查找表中的起始位置是 10，则从查找表的第 10 号位置开始顺序查找，判断在该子表的范围内是否有关键字等于 71，最后返回相应的查找结果即可。

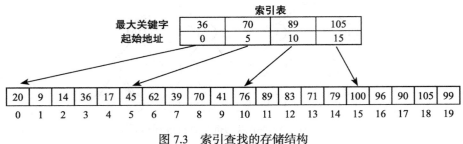

图 7.3　索引查找的存储结构

由于索引表是按关键字有序的，因此在确定待查找数值所在的子表时，既可以对索引表进行顺序查找，也可以进行折半查找；而子表中的数据并非有序，因此在子表中只能进行顺序查找。因此，索引查找算法其实是折半查找与顺序查找的简单组合，其性能介于这两种算法之间。设查找表表长为 n，将其平均分为 s 个子表，每个子表长度即为 $b = \lceil n/s \rceil$，如果是等概率查找，则每个子表被查找的概率是 $1/s$，子表中每个元素被查找的概率是 $1/b$。

若在索引表和子表中均采用顺序查找，则索引查找的平均查找长度为

$$\text{ASL} = \frac{1}{s}\sum_{i=1}^{s} i + \frac{1}{b}\sum_{j=1}^{b} j = \frac{s+1}{2} + \frac{b+1}{2} = \frac{1}{2}\left(s + \frac{n}{s}\right) + 1 \tag{7.5}$$

可见其平均查找长度不仅与表长 n 有关系，也与子表的数量 s 有关系。在给定 n 的情况下，可以证明，当 s 取 $\sqrt{n}$ 时，上式会得到最小值 $\sqrt{n} + 1$。这个值与顺序查找相比有了很大提升，但还是远不及折半查找。

如果在索引表中进行折半查找，在子表中做顺序查找，则此时的索引查找的平均查找长度为

$$\text{ASL} \approx \log_2(s+1) + \frac{b}{2} \approx \log_2(s+1) + \frac{n}{2s} \tag{7.6}$$

7.4　树表的查找

以二叉树或者树作为组织结构的查找表称为树表。在对树表进行删除或插入操作时，可以方便地维护查找表的有序性，而不需要对查找表中的记录进行移动。常见的树表有二叉排序树、平衡的二叉排序树、B- 树和 B+ 树等。

7.4.1　二叉排序树

二叉排序树（Binary Sort Tree, BST）是一棵二叉树，满足二叉树的所有属性。除此之外，它还满足以下条件：

（1）若左子树非空，则左子树上所有结点的值均小于根结点的值；

（2）若右子树非空，则右子树上所有结点的值均大于根结点的值；

（3）左、右子树本身也都分别是二叉排序树。

在图 7.4 中，只有图 a 是二叉排序树，而图 b 并不是，因为在图 b 的左子树中有一个结点的数值为 11，大于根结点的数值 10。从二叉排序树的性质可知一个重要推论——若按中序遍历的顺序输出二叉排序树中各个结点的数值，则会得到一个递增的有序序列。

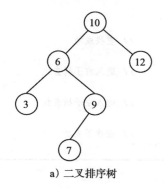 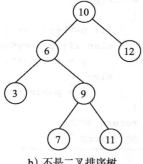

a) 二叉排序树　　　　　　　　　　　　　　b) 不是二叉排序树

图 7.4　两棵二叉树

二叉排序树通常采用二叉链的存储结构进行存储，其结点类型定义如下：

```
typedef struct node
{
    KeyType key;                        // 关键字项
    InfoType data;                      // 其他数据域
    struct node *left,*right;           // 左、右孩子指针
}BSTNode;                               // 二叉排序树结点类型定义
```

7.4.1.1　二叉排序树的查找算法

在二叉排序树上进行查找的过程为：若二叉排序树非空，则将待查找关键字 key 与根结点的关键字进行比较。若二者相等，则查找成功；若当前根结点关键字小于 key，则进入根结点的右子树继续查找；若当前根结点关键字大于 key，则进入根结点的左子树继续查找；若当前根结点为空，则查找不成功。这显然是一个递归的过程。对应的递归算法如下：

算法 7.3　二叉排序树的递归查找算法

```
BSTNode *BSTSearch( BSTNode *T, KeyType key )
{
    if(!T)  return NULL;                      // 查找不成功
    else if( T->key==key )    return T;       // 查找成功
    else if( T->key<key )
        return BSTSearch( T->right,key );     // 进入右子树继续查找
    else
        return BSTSearch( T->left,key );      // 进入左子树继续查找
}// BSTSearch
```

显然，这个查找过程是从根结点出发，在二叉排序树中自顶向下查找，不存在向上的回溯。所以，也可将其方便地改成非递归算法实现。

算法 7.4　二叉排序树的非递归查找算法

```
BSTNode *BSTSearch( BSTNode *T, KeyType key )
{
    BSTNode *p=T;
    while(p)
    {
        if( p->key==key )  return p;            // 查找成功
        else if( p->key<key )
            p = p->right;                       // 进入右子树查找
        else
            p = p->left;                        // 进入左子树查找
    }
    return NULL;                                // 查找不成功
}// BSTSearch
```

7.4.1.2　二叉排序树的结点插入算法

当二叉排序树中不存在某个给定值的结点时，可以进行插入操作。新插入的结点一定是叶子结点，而且应该是查找不成功时的查找路径上访问的最后一个结点的左孩子或右孩子结点。因此，插入是在查找的过程中进行的，可以用递归的方式描述：若原二叉排序树是空树，则直接插入结点作为根结点；否则如果待插入的关键字小于根结点关键字，则进入其左分支进行插入，相反则进入右分支进行插入。算法实现如下。

算法 7.5　二叉排序树的递归插入算法

```
BSTNode *BSTInsert( BSTNode *T, KeyType key )
{
    if( T==NULL )                    // 如果遇到空指针，则说明查找不成功，可以进行插入
    {
        T = (BSTNode *)malloc(sizeof(BSTNode));   // 为新结点分配空间
        T->key = key;                             // 为新结点赋值
        T->left = T->right = NULL; // 新插入的结点是叶子结点，所以左、右分支域皆为"空"
        return T;                    // 返回新插入结点的位置
    }
    else if( T->key==key )  return T; // 如果 key 已经存在，则不进行插入，直接返回
    else if( T->key>key )             // 如果 key 小于根结点
        T->left = BSTInsert( T->left, key );      // 进入左分支进行插入
    else                              // 如果 key 大于根结点
        T->right = BSTInsert( T->right,key );     // 进入右分支进行插入
    return T;
}// BSTInsert
```

如果用非递归的算法实现，那么至少需要两个指针变量 p 和 pa：用指针 p 在二叉排序树中查找，pa 表示 p 的父结点。如果需要插入一个新结点，则查找一定是不成功的。查找不成功意味着最后指针 p 应该指向"空"，而此时它的父结点 pa 的左孩子或右孩子

就是要插入的新结点的位置。算法如下。

算法 7.6 二叉排序树的非递归插入算法

```
BSTNode *BSTInsert(BSTNode *T,KeyType key)
{
    BSTNode *p=T, *pa=NULL;        // 定义指针变量并赋值
    // 第 1 步: 找到待插入的位置
    while(p)                        // 如果树非空，则进行查找
    {
        if( p->key==key )  return T;  // 如果 key 已经存在，则不进行插入，算法结束
        else if( p->key<key )  // 如果当前访问结点小于 key
        {
            pa = p;                // 更新 pa 指向
            p = p->right;          // 继续到右分支进行查找
        }
        else                       // 如果当前访问结点大于 key
        {
            pa = p;                // 更新 pa 指向
            p  = p->left;          // 继续到左分支进行查找
        }
    } // end while
    // 第 2 步: 插入新结点
    p = (BSTNode *)malloc(sizeof(BSTNode));  // 为新结点分配空间
    p->key = key;                  // 为新结点赋值
    p->left = p->right = NULL;      // 新结点是叶子结点
    if( !pa )  return p;           // 如果原先的树是空树，新插入的结点就是根结点
    if( pa->key<key )              // 如果原树非空，且 key 大于查找路径上访问的最后一个结点
        pa->right = p;             // 将新结点插入最后一个结点的右孩子位置
    else                           // 否则原树非空，且 key 小于查找路径上访问的最后一个结点
        pa->left = p;              // 将新结点插入最后一个结点的左孩子位置
    return T;
}// BSTInsert
```

7.4.1.3 二叉排序树的构造算法

创建一个二叉排序树，可通过依次输入数据元素并将它们逐一插入二叉排序树中的合适位置来完成。如果输入 n 个数据元素，则根据输入顺序创建相应的二叉排序树的具体过程如下。

算法 7.7 二叉排序树的创建算法

```
BSTNode *CreateBST(int n)
{
    BSTNode *T=NULL;               // 变量 T 表示要创建的二叉排序树的根结点，初始值为空
    keyType key;
    for( i=1; i<=n; i++ )
    {
        scanf(keyType,&key);       // 输入当前要插入的数据元素的关键字
        T = BSTInsert( T, key );   // 调用插入函数将该关键字插入根结点为 T 的二叉排序树
```

```
    }
        return T;                          // 返回二叉排序树的根结点，创建完成
}// CreateBST
```

7.4.1.4　二叉排序树的结点删除算法

在二叉排序树中删除一个结点 p，若其父结点为 f，则可以分三种情况来讨论：

（1）结点 p 的度等于零，即 p 是叶子结点。删除叶子结点不会影响二叉排序树的性质，因此可以直接将该叶子结点删除，并修改其父结点 f 对应的指针域指向即可。如图 7.5a 所示，若要删除叶子结点"3"，则由于它是其父结点的左孩子，因此修改其父结点的左分支指向为"空"，然后释放该结点即可完成删除。

（2）结点 p 的度等于 1，即结点 p 只有左孩子或只有右孩子。如果结点 p 是其父结点 f 的左孩子，那么直接将结点 p 的孩子作为 f 的左孩子，然后删除结点 p 即可；如果 p 是其父结点 f 的右孩子，那么将结点 p 的孩子直接作为 f 的右孩子，然后删除结点 p 即可。如图 7.5b 所示，若要删除结点"9"，则由于该结点是其父结点的右孩子，而且该结点只有一个左孩子，因此将其父结点的右分支直接指向结点"9"的左孩子，然后释放结点"9"，即可完成删除。

（3）结点 p 的度等于 2。此时有两种删除方式。一种是在 p 的左分支中寻找一个最大值结点 r，以此最大值覆盖结点 p，然后删除这个结点 r。由于结点 r 必然没有右孩子，因此删除结点 r 的情况与上述的情况 2 相同。另一种方式是在 p 的右分支中寻找一个最小值结点 q，以此最小值覆盖结点 p，然后删除这个结点 q。由于结点 q 必然没有左孩子，因此删除结点 q 的情况与上述的情况 2 相同。如图 7.5c 所示，要删除的是结点"10"，如果采取第一种方式，则用其左分支的最大值来做替换，该最大值必然在其左分支的最右端，是结点"9"，即用"9"来替换掉"10"，然后删除结点"9"，该过程与上述删除结点"9"的过程完全相同。

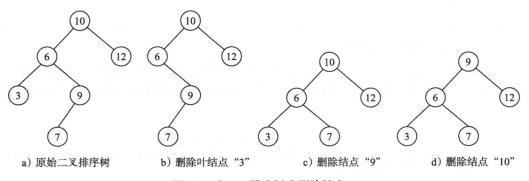

　　a）原始二叉排序树　　　　b）删除叶结点"3"　　　　c）删除结点"9"　　　　d）删除结点"10"

图 7.5　在二叉排序树中删除结点

删除算法如下：

算法 7.8　二叉排序树的删除算法

```
BSTNode *BSTDelete( BSTNode *T, KeyType key )
{
```

```
BSTNode *p=T,*pa=NULL;    // 定义指针变量 p 指向待删除结点，pa 是其父结点
BSTNode *f,*q;            // 定义指针变量 q 指向结点 p 的左分支的最大值结点，f 是 q 的父结点
    // 第 1 步：查找 key 所在结点，确定待删除结点及其父结点指向
    while( p )
    {
        if(p->key==key) break;
        else if( p->key<key )            // 进入右分支
        {
            pa = p;
            p = p->right;
        }
        else
        {
            pa = p;
            p = p->left;
        }
    }
    if( !p )    return T;                 // 若查找不成功，则直接返回根结点结束
    // 第 2 步：删除结点 p
    // 2.1  第 1 种情况：待删除结点 p 为叶子结点
    if( !p->left && !p->right )
    {
        if( pa )                         // 如果待删除结点非根结点
        {
            if( pa->key<key )            // 如果待删除结点是其父结点的右孩子
                pa->right = NULL;        // 更新父结点的右孩子指向
            else                         // 如果待删除结点是其父结点的左孩子
                pa->left = NULL;         // 更新父结点的左孩子指向
            free(p);                     // 释放待删除结点
            return T;                    // 返回根结点，删除完成
        }
        else                             // 如果待删除结点是根结点
        {
            free(p);                     // 直接释放待删除结点
            return NULL;                 // 此时树为空，返回空指针，删除结束
        }
    } // end if  2.1
    // 2.2  第 2 种情况：待删除结点 p 只有右孩子
    else if( !p->left&&p->right )        // 如果待删除结点只有右孩子
    {
        if( pa )                         // 如果待删除结点非根结点
        {
            if( pa->key<key )            // 如果待删除结点是其父结点的右孩子
                pa->right = p->right;    // 更新父结点的右孩子指向
            else                         // 如果待删除结点是其父结点的左孩子
                pa->left = p->right;     // 更新父结点的左孩子指向
            free(p);                     // 释放待删除结点
            return T;                    // 返回根结点，删除完成
        }
        else                             // 如果待删除结点是根结点
```

```
    {
        T = p->right;                      // 更新根结点指向为其右孩子
        free(p);                           // 释放待删除结点
        return T;                          // 返回根结点，删除完成
    }
} // end else if  2.2
// 2.3  第 3 种情况：待删除结点 p 只有左孩子
else if( p->left && !p->right )
{
    if( pa )                               // 如果待删除结点非根结点
    {
        if( pa->key<key )                  // 如果待删除结点是其父结点的右孩子
            pa->right = p->left;           // 更新父结点的右孩子指向
        else                               // 如果待删除结点是其父结点的左孩子
            pa->left=p->left;              // 更新父结点的左孩子指向
        free(p);                           // 释放待删除结点
        return T;                          // 返回根结点指向，删除完成
    }
    else                                   // 如果待删除结点是根结点
    {
        T = p->left;                       // 更新根结点为其左孩子
        free(p);                           // 释放待删除结点
        return T;                          // 返回根结点指向，删除完成
    }
} // end else if  2.3
// 2.4  第 4 种情况：待删除结点既有左孩子又有右孩子
else
{
    // 进入待删除结点的左分支，寻找最右端结点，令 q 指向其左分支的最右端结点，f 是 q 的父
结点
    f = p;
    q = p->left;
    while( q->right )                      // 寻找待删除结点左分支的最右端结点
    {
        f = q;
        q = q->right;
    }
    p->key = q->key;          // 以最右端结点的数值覆盖待删除结点，然后删除该最右端结点
    if( !q->left && !q->right )            // 如果最右端结点是叶子结点
    {
        if( f->key < q->key )
            f->right = NULL;
        else
            f->left = NULL;
        free(q);
    }
    else                                   // 如果最右端结点只有左孩子
    {
        if( f->key<q->key )
            f->right = q->left;
```

```
        else
                f->left = q->left;
        free(q);
    }
        return T;                              // 返回根结点，删除结束
    } // end else 2.4
} // BSTDelete
```

7.4.1.5　二叉排序树的查找性能分析

根据前述算法，在二叉排序树中查找一个包含给定关键字结点的过程相当于走过一条从根结点到该结点的路径，所需的比较次数与该结点在二叉树中的层次一致。这个查找过程与折半查找很类似。但是，包含 n 个结点的折半查找的判定树是唯一的，而同样包含 n 个结点的二叉排序树并不唯一。如图 7.6 所示，同样是包含 7 个结点，如果输入的关键字序列是（24,16,18,30,14,29,36），那么根据算法 7.7 创建的二叉排序树如图 7.6a 所示，深度为 3；但是如果相同的关键字以（14,16,18,24,29,30,36）的顺序输入，那么创建得到的二叉排序树将是如图 7.6b 所示的形态，深度为 7。如果进行等概率查找，那么在图 7.6a 中查找成功的平均查找长度为

$$ASL_a = \frac{1}{7} \times (1 + 2 \times 2 + 3 \times 4) = \frac{17}{7}$$

在图 7.6b 中查找成功的平均查找长度为

$$ASL_b = \frac{1}{7} \times (1 + 2 + 3 + 4 + 5 + 6 + 7) = \frac{28}{7} = 4$$

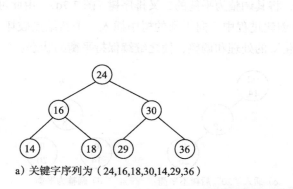

a）关键字序列为（24,16,18,30,14,29,36）

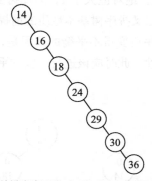

b）关键字序列为（14,16,18,24,29,30,36）

图 7.6　不同形态的二叉排序树

由此可见，包含 n 个结点的二叉排序树的平均查找长度与树的形态有关，而二叉排序树的形态与关键字的插入顺序有关。如果关键字有序，那么二叉排序树将是一棵只有左分支或者只有右分支的单支树，树的高度等于 n，此时的查找退化为顺序查找，平均查找长度等于 $(n+1)/2$，这是最坏的情况；而最好的情况则是二叉排序树的形态与折半查找的判定树一致，树的高度为 $\lfloor \log_2 n \rfloor + 1$，此时的平均查找长度近似于 $\log_2 n$。

可以证明，在关键字插入顺序随机的情况下，创建得到的二叉排序树的平均查找长度和 $\log_2 n$ 是同数量级的，然而经过进一步的研究发现，这种情况出现的概率不足 50%。因此，需要在创建二叉排序树的过程中进行"平衡化"处理，以得到一棵平衡的二叉排序树。

7.4.2　平衡二叉排序树

7.4.2.1　平衡二叉排序树的定义

平衡二叉排序树又称为 AVL 树（得名于它的发明者 G. M. Adelson-Velskii 和 E. M. Landis），它既可以是一棵空树，也可以是具有如下性质的二叉排序树——其左子树和右子树都是平衡的二叉排序树，且左、右子树的深度之差的绝对值不超过 1。如果为二叉排序树中的每个结点添加一个平衡因子，并将其定义为该结点左子树深度与右子树深度的差值，那么 AVL 树中平衡因子的取值只可能是 −1、0 或 1。只要二叉树中某个结点的平衡因子绝对值大于 1，则该二叉树一定不是平衡的。

我们希望由任何初始的关键字序列创建得到的二叉排序树都是 AVL 树。因为可以证明，包含 n 个结点的 AVL 树的深度和 $\log n$ 是同数量级的，因此 AVL 树的平均查找长度也与 $\log n$ 同数量级。

7.4.2.2　平衡二叉排序树的平衡化过程

如何能够得到一棵 AVL 树呢？以关键字序列（14,18,20）为例，如图 7.7 所示：在只包含一个根结点"14"的情况下，二叉排序树是平衡的（图 7.7a）；在插入"18"后也是平衡的，只是根结点的平衡因子变为 −1（图 7.7b）；在继续插入"20"后，根结点的平衡因子变为 −2，绝对值大于 1，因此树变得不平衡了（图 7.7c），此时需要对树做一些调整，即在不影响二叉排序树基本性质的前提下，将其调整为平衡的二叉排序树（图 7.7d）。由此可见，二叉排序树变得不平衡的原因是，在创建过程中，向平衡的树中插入一个新结点破坏了树的平衡性。此时应该进行一些"**平衡化**"的处理和调整，使之继续保持平衡的状态。

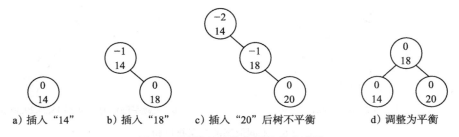

a）插入"14"　　b）插入"18"　　c）插入"20"后树不平衡　　d）调整为平衡

图 7.7　平衡二叉排序树的生成过程

为了进行"平衡化"处理，首先需要找出在插入一个新结点后失去平衡的最小子树的根结点，然后调整这个最小子树中相关结点之间的链接关系，使之成为一个平衡的子树。当失去平衡的最小子树被调整为平衡后，整个二叉排序树也就变为平衡的了。失去平衡的最小子树的根结点是指距离新插入的结点最近，且平衡因子的绝对值超过 1 的结点。确定这个最小子树根结点的具体方法是——沿着从新插入结点到二叉排序树根结点的路径，按照从下到上的顺序依次判断每个结点的平衡因子，在此过程中遇到的第一个平衡因子绝对值大于1的结点即为失去平衡的最小子树的根结点；如果一直到根结点的所有结点的平衡因子绝对值皆小于1，则说明当前的二叉排序树是平衡的，可以继续插入新结点。

在找到了失去平衡的最小子树的根结点后，如何对这棵子树进行"平衡化"的调整呢？假定该最小子树的根结点为 A，在上述确定这个根结点 A 的路径上，A 的孩子假定为 B，B 的孩子假定为 C。A、B 和 C 之间只会存在以下4种关系：

（1）RR 型。这是由在 A 的右孩子的右子树中插入新结点导致的不平衡，如图7.8a所示，图中长方形的框表示结点 A、B 和 C 的子树。将图7.8a所示的 A、B、C、x、y、z 和 w 按照中序遍历的顺序排列的结果如图7.8b所示。在该中序序列中，位于中间（4号）位置的结点 B 将作为新的子树的根结点；它的左、右孩子分别是在中序序列中的2号和6号位置上的 A 和 C；A 的左、右孩子分别是在中序序列中的1号和3号位置上的 x 和 y；C 的左、右孩子则分别是在中序序列中的5号和7号位置上的 z 和 w。调整后的子树如图7.8c所示。因为调整前后对应的中序序列相同，所以调整后二叉排序树的性质仍保持不变。可将此调整过程看成将这棵子树向左旋转一次。

（2）LL 型。这是由在 A 的左孩子的左子树中插入新结点导致的不平衡，如图7.9a所示，图中长方形的框表示结点 A、B 和 C 的子树。与上述 RR 型的调整方案一致，首先将图7.9a所示的 A、B、C、x、y、z 和 w 按照中序遍历的顺序排列，结果如图7.9b所示。然后根据它们在中序序列中的位置做出相应调整——中间（4号）位置上的是新的根结点，它的左、右孩子分别是中序序列中的2号和6号位置上的元素，2号结点的左、右孩子分别是中序序列中的1号和3号位置上的元素，而6号结点的左、右孩子分别是中序序列中的5号和7号位置上的元素。调整后的子树如图7.9c所示。可将该调整过程看成将这棵子树向右旋转一次。

（3）RL 型。这是由在 A 的右孩子的左子树中插入新结点导致的不平衡，如图7.10a所示，图中长方形的框表示结点 A、B 和 C 的子树。以同样的方式按照该最小子树的中序序列做出调整，调整结果如图7.10c所示。可将该调整过程看成将这棵子树先向右旋转一次再向左旋转一次。

（4）LR 型。这是由在 A 的左孩子的右子树中插入新结点导致的不平衡，如图7.11a所示，图中长方形的框表示结点 A、B 和 C 的子树。以同样的方式按照该最小子树的中序序列做出调整，调整结果如图7.11c所示。可将该调整过程看成将这棵子树先向左旋转一次再向右旋转一次。

在 AVL 树上进行查找的过程与一般的二叉排序树相同。那么包含 n 个结点的 AVL 树的最大深度是多少呢？我们先来分析深度为 h 的 AVL 树至少会包含多少个结点。

假定深度为 h 的 AVL 树最少包含 n_h 个结点。显然 $n_0=0$，$n_1=1$，$n_2=2$，并且 $n_h=n_{h-1}+n_{h-2}+1$。这个关系与斐波那契序列极为相似。利用归纳法容易证明：当 $h \geqslant 0$ 时，$n_h=F_{h+2}-1$，而 F_h 约等于 $\varphi^h / \sqrt{5}$（其中 $\varphi=\dfrac{1+\sqrt{5}}{2}$），则 n_h 约等于 $\varphi^{h+2} / \sqrt{5}-1$。反之，含有 n 个结点的 AVL 树的最大深度为 $\log_{\varphi}^{(\sqrt{5}(n+1))}-2$。因此，在 AVL 树上进行查找的时间复杂

度为 $O(\log n)$。

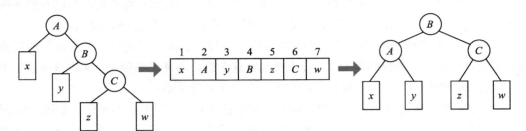

a) 失去平衡的最小子树　　　b) 该最小子树的中序序列　　　c) 调整后平衡的子树

图 7.8　RR 型调整过程

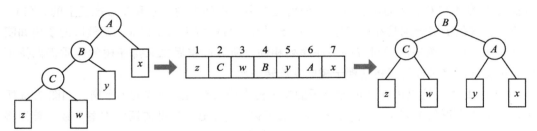

a) 失去平衡的最小子树　　　b) 该最小子树的中序序列　　　c) 调整后平衡的子树

图 7.9　LL 型调整过程

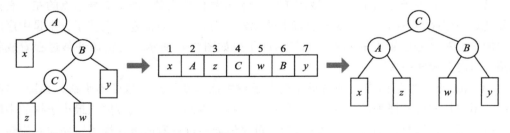

a) 失去平衡的最小子树　　　b) 该最小子树的中序序列　　　c) 调整后平衡的子树

图 7.10　RL 型调整过程

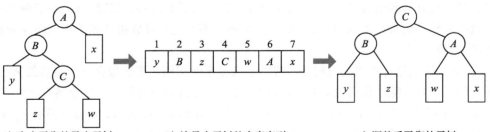

a) 失去平衡的最小子树　　　b) 该最小子树的中序序列　　　c) 调整后平衡的子树

图 7.11　LR 型调整过程

7.4.3　B- 树

7.4.3.1　B- 树的定义

　　B- 树又称为多路查找树，是一种用于组织和维护外存文件系统的非常有效的数据结构。

　　在 B- 树中，结点分支数目的最大值称为树的阶，通常用 m 表示。一棵 m 阶的 B- 树既可以是空树，也可以是满足下列条件的 m 叉树：

　　（1）所有的叶子结点都在最底层并为同一层，且不带信息（可以看成是外部结点或查找失败的结点，实际上这些结点并不存在，指向这些结点的指针为空）；

　　（2）树中每个结点最多可以有 m 棵子树（即每个结点最多可以包含 $m-1$ 个关键字）；

　　（3）若根结点不是终端结点，则根结点至少有两棵子树（根结点至少包含一个关键字）；

　　（4）除根结点外，其他分支结点至少包含 $\lceil m/2 \rceil$ 棵子树（每个结点至少包含 $\lceil m/2 \rceil -1$ 个关键字）；

　　（5）每个分支结点的结构为

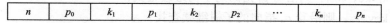

| n | p_0 | k_1 | p_1 | k_2 | p_2 | $\cdots$ | k_n | p_n |

　　其中，n 表示该结点中包含的关键字的数目，除了根结点外，所有分支结点的关键字个数 n 必须满足 $\lceil m/2 \rceil -1 \le n \le m-1$；$k_i$（$1 \le i \le n$）为该结点包含的第 i 个关键字，且满足 $k_i < k_{i+1}$；p_i（$0 \le i \le n$）为该结点的第 i 个分支指向，且满足 p_i 所指结点包含的所有关键字均大于等于 k_i 且小于 k_{i+1}。

```
B- 树的结点类型定义如下：
#define MAX_M 10                          // B- 树的最大阶数
typedef struct node
{
    int keynum;                          // 结点包含的关键字个数
    KeyType key[MAX_M];                  // 存放关键字的数组，0 号单元未用
    struct node *parent;                 // 父结点指针
    struct node *ptr[MAX_M];             // 存放孩子结点指针的数组
}BTNode;                                  // B- 树结点类型定义
```

　　B- 树是所有结点的平衡因子均等于 0 的多路查找树。图 7.12 是一棵 3 阶的 B- 树，其叶子结点在最底层，根结点只包含一个关键字，其他分支结点均包含 2 个关键字，该树的深度为 4。

7.4.3.2　B- 树的查找

　　在 B- 树中查找给定关键字 key 的过程类似于在二叉排序树上进行查找，不同的是在每个结点上确定向下继续查找的路径不一定是二路的，而是多路的。因为一个结点包含的关键字序列是有序的，因此在一个结点内查找关键字时既可以采用顺序查找也可以采用折半查找。在一棵 B- 树上查找关键字为 key 的过程如下：

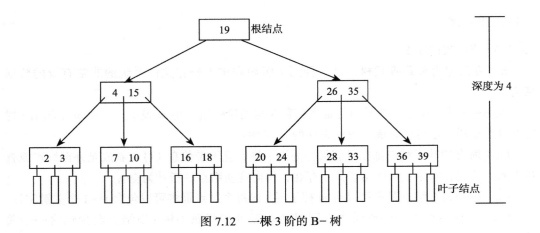

图 7.12 一棵 3 阶的 B– 树

（1）首先将 key 与根结点中的 k_i 进行比较；

（2）若 key=k_i，则查找成功；

（3）若 key<k_1，则沿着 p_0 指向的子树继续查找；

（4）若 k_i<key<k_{i+1}，则沿着 p_i 指向的子树继续查找；

（5）若 key>k_n，则沿着 p_n 指向的子树继续查找；

（6）若此时 p_i 指向空，则查找不成功。

由此可见，待查关键字所在结点在 B– 树上的层次，是决定 B– 树查找效率的首要因素。若考虑最坏的情况，即包含 n 个关键字的 m 阶 B– 树，则可能的最大深度是多少呢？

根据 B– 树的定义，其第 1 层至少有一个结点；第 2 层至少有 2 个结点；由于除了根结点之外的每个分支结点至少要有 $\lceil m/2 \rceil$ 棵子树，因此第 3 层至少有 $2 \times (\lceil m/2 \rceil)$ 个结点；以此类推，第 $i+1$ 层至少有 $2 \times (\lceil m/2 \rceil)^{i-1}$ 个结点。而第 $i+1$ 层是叶子结点所在的最底层。若 m 阶 B– 树包含 n 个关键字，则叶子结点为 $n+1$，有

$$n+1 \geqslant 2 \times (\lceil m/2 \rceil)^{i-1} \tag{7.7}$$

反之

$$i \leqslant \log_{\lceil m/2 \rceil}\left(\frac{n+1}{2}\right)+1 \tag{7.8}$$

也就是说，在包含 n 个关键字的 m 阶 B– 树上进行查找，最坏情况下需要进行的比较次数不超过 $\log_{\lceil m/2 \rceil}\left(\frac{n+1}{2}\right)+1$ 次。

7.4.3.3　B– 树的关键字插入

将关键字 key 插入 m 阶的 B– 树需要分两步来执行：

（1）查找。利用查找算法找出插入该关键字的最底层的某个分支结点（注意在 B– 树中进行插入时，不是在树中新增一个叶子结点，而是在树的最底层的某分支结点中进行插入）。

（2）插入。判断该分支结点中是否还有空位。

- 不分裂：如果当前分支结点中包含的关键字数量 $n<m-1$，则表明当前分支结点中还有多余的空位可以插入关键字 key，此时直接将 key 插入结点中的合适位置，保证结点中的关键字有序即可。
- 分裂：如果当前分支结点中包含的关键字数量 $n=m-1$，说明当前的分支结点中已经没有多余的位置可以插入 key，此时需要将结点做分裂处理。分裂的方法是：将当前结点中的所有关键字与 key 排好序后，从中间位置即 $\lceil m/2 \rceil$ 处将所有关键字（不包括位于中间位置上的关键字）分成两部分，左边部分的关键字依旧放在原先的分支结点中，右边部分的关键字放在一个新生成的结点中，中间位置上的关键字以及指向新结点的指针一起插入并存储到原分支结点的父结点中。如果父结点的关键字个数也超过 $m-1$，则继续分裂，再向上插入，直至进行到根结点为止。这样可能导致 B- 树的深度增加一层。

以图 7.13a 所示的 3 阶 B- 树为例，要向树中插入关键字 "18"。则应由根结点开始查找，最后确定应该插入结点（16）。该结点当前值包含一个关键字，小于可以包含关键字数量的最大值，因此可以直接将 "18" 插入该结点，如图 7.13b 所示。

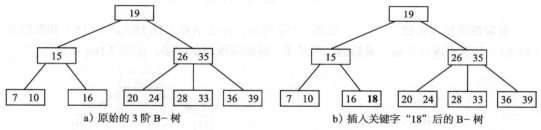

图 7.13　在 3 阶 B- 树中插入关键字 "18"

继续插入关键字 "14"。通过查找，确定要插入的结点应该是（7,10），如图 7.14a 所示。但是该结点目前已包含两个关键字，即已经没有多余的空位可以插入 "14"，因此需要将该结点进行分裂。按照上述的分裂原则，首先将 "7,10,14" 关键字的左边部分 "7" 保留在原结点中，然后新生成一个结点存放右半部分关键字 "14"，最后将位于中间位置的关键字 "10" 与指向新结点（14）的指针一起放入原（7,10）结点的父结点（15）中，如图 7.14b 所示。

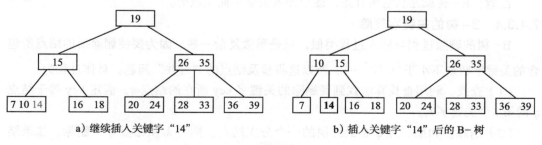

图 7.14　在 3 阶 B- 树中插入关键字 "14"

继续插入关键字"30"。通过查找，确定要插入的结点应该是（28,33），如图7.15a所示。但是该结点目前已包含两个关键字，即已经没有多余的空位可以插入"30"，因此需要将该结点进行分裂。按照上述的分裂原则，首先将"28,30,33"关键字的左边部分"28"保留在原结点中，然后新生成一个结点存放右半部分关键字"33"，最后将位于中间位置的关键字"30"与指向新结点（33）的指针一起放入原（28,33）结点的父结点（26,35）中，但是该结点目前也没有多余的位置可以安放"30"，因此将该结点按照同样方式继续分裂，最终得到如图7.15b所示的结果。

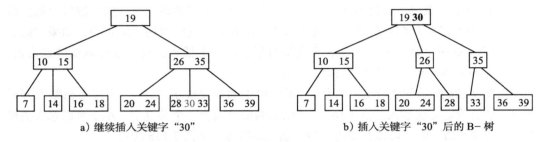

a）继续插入关键字"30"   b）插入关键字"30"后的B-树

图7.15   在3阶B-树中插入关键字"30"

假定继续插入关键字"17"，如图7.16a所示，那么结点（16,18）、（10,15）和根结点（19,30）都需要进行分裂，最后的结果是B-树的深度增加一层，如图7.16b所示。

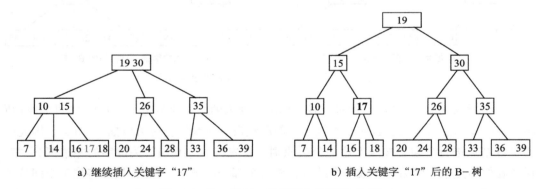

a）继续插入关键字"17"   b）插入关键字"17"后的B-树

图7.16   在3阶B-树中插入关键字"17"

注意，B-树就是从空树开始，逐个插入关键字而生成的。

7.4.3.4 B-树的关键字删除

B-树的删除过程与插入过程类似，只是稍微复杂一些。因为要使删除后的结点所包含的关键字数量不小于 $\lceil m/2 \rceil -1$，所以这将涉及结点的"合并"问题。具体过程为：

（1）查找。利用查找算法找到要删除的关键字 key 所在的结点 q，假定 key 等于结点 q 的第 i 个关键字 k_i。

（2）删除。如果结点 q 是最底层的一个分支结点，则将 k_i 从结点 q 中删除；如果结点 q 不在最底层，则用结点 q 中的 p_i 所指子树中的最小关键字来覆盖 k_i，这个最小关键字必然在最底层的某个分支结点中，因此问题又可以转化为如何在最底层的分支结点中删除一个关键字。在最底层的分支结点 q 中删除关键字 k_i，可以分三种情况来讨论。

- 直接删除关键字：如果在结点 q 中删除关键字 k_i 后，结点包含的关键字数量依然不小于 $\lceil m/2 \rceil -1$，则可以直接删除 k_i。
- 向兄弟结点借：如果在结点 q 中删除关键字 k_i 后，其包含的关键字数量小于 $\lceil m/2 \rceil -1$，但是其左（右）兄弟的关键字数量大于 $\lceil m/2 \rceil -1$，则可以把其左（右）兄弟中的最大（最小）关键字上移到父结点中，同时把父结点中大于（小于）上移关键字的关键字下移到结点 q 中。
- 合并：如果在结点 q 中删除关键字 k_i 后，其包含的关键字数量小于 $\lceil m/2 \rceil -1$，而且其左（右）兄弟的关键字数量都等于 $\lceil m/2 \rceil -1$，即兄弟结点没有多余的关键字可以借出，则需要将删除关键字 k_i 后的结点 q 与其左（右）兄弟结点以及父结点中用以分割二者的关键字合并成一个结点。如果此项操作使得父结点的关键字个数也少于 $\lceil m/2 \rceil -1$，则对父结点也做同样的合并处理，可能直到根结点都需要做此处理，从而使得 B- 树的深度减少一层。

在图 7.17a 所示 3 阶 B- 树中删除关键字"24"。它所在的结点（20,24）包含两个关键字，因此可以直接将其进行删除处理，结果如图 7.17b 所示。

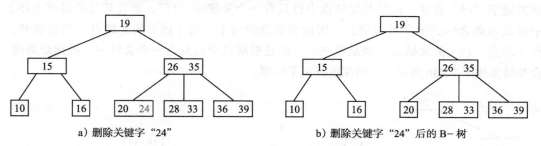

a) 删除关键字"24"   b) 删除关键字"24"后的 B- 树

图 7.17 在 3 阶 B- 树中删除关键字"24"

继续删除关键字"20"，如图 7.18a 所示。由于包含关键字"20"的结点只有这一个关键字，删除该关键字之后该结点包含的关键字数量将少于 $\lceil m/2 \rceil -1$，但是它的右兄弟结点（28,33）有多余的关键字可以借出，因此将其右兄弟中的最小关键字"28"上移至父结点，同时将父结点中小于"28"的关键字"26"移下来，与要删除关键字"20"的结点合并，得到的结果如图 7.18b 所示。

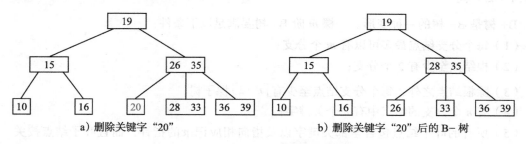

a) 删除关键字"20"   b) 删除关键字"20"后的 B- 树

图 7.18 在 3 阶 B- 树中删除关键字"20"

继续删除关键字"26",如图 7.19a 所示。由于包含关键字"26"的结点只有这一个关键字,删除之后该结点包含的关键字数量将少于 $\lceil m/2 \rceil -1$,但是与它相邻的兄弟结点也没有多余的关键字可以借出,因此将该结点与其右兄弟结点(33)以及父结点中的关键字"28"合并,得到的结果如图 7.19b 所示。

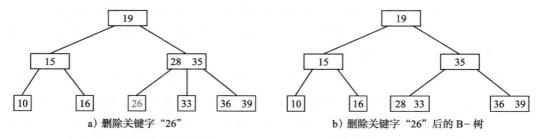

a) 删除关键字"26"   b) 删除关键字"26"后的 B− 树

图 7.19   在 3 阶 B− 树中删除关键字"26"

继续删除关键字"10",如图 7.20a 所示。由于包含关键字"10"的结点只有这一个关键字,删除之后该结点包含的关键字数量将少于 $\lceil m/2 \rceil -1$,但是与它相邻的兄弟结点也没有多余的关键字可以借出,因此只能将该结点与其右兄弟结点(16)以及父结点中的关键字"15"合并。但是其父结点中也只有一个关键字"15",而且其兄弟结点(35)中也没有多余的关键字可以借出,因此需要继续向上,与(15)的父结点再进行合并。由于结点(15)的父结点已经是根结点,而且根结点中也只有一个关键字,因此最终的合并结果如图 7.20b 所示,树的深度减少了一层。

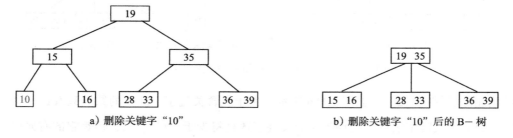

a) 删除关键字"10"   b) 删除关键字"10"后的 B− 树

图 7.20   在 3 阶 B− 树中删除关键字"10"

7.4.4　B+ 树

B+ 树是 B− 树的一种变形。一棵 m 阶 B+ 树要满足以下条件:

(1)每个分支结点最多可以有 m 个分支;

(2)根结点至少有 2 个分支;

(3)除根结点之外,每个分支结点至少有 $\lceil m/2 \rceil$ 棵子树;

(4)有 n 个分支的结点中有 n 个关键字;

(5)所有的叶子结点包含全部关键字以及指向相应记录的指针,而且叶子结点按关键字大小顺序链接(可以把每个叶子结点看作一个索引块,它的指针不再指向另一个索引块，而是直接指向数据文件中的记录）；

（6）所有的分支结点可以看作索引部分，其中只包含它的各个分支结点中的最大（或最小）关键字以及指向分支的指针。

图 7.21 是一个 4 阶 B+ 树，其叶子结点中每个关键字对应的指针指向该记录的实际存储位置。通常 B+ 树有两个头指针：一个指向根结点，称为 root；另一个指向关键字最小的叶子结点，称为 sqt。因此，可以对 B+ 树进行两种查找：一种是从最小关键字开始的顺序查找；另一种是从根结点开始的随机查找。在 B+ 树上进行随机查找、插入和删除的过程与在 B- 树上基本类似。只是在查找时，若在分支结点上找到待查找关键字，查找过程并不终止，而是继续向下进行直到叶子结点为止。在 B+ 树中进行查找时，不管成功与否，每次查找都需要走过一条从根结点到叶结点的路径。

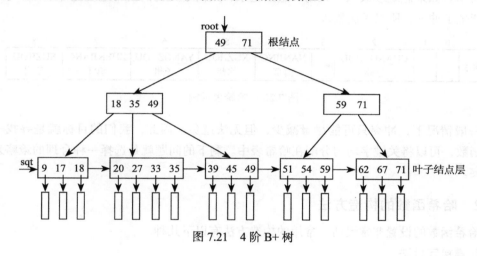

图 7.21　4 阶 B+ 树

7.5　哈希表的查找

哈希表的实现常被称为**散列**，散列是一种可以用以常数表示的平均时间完成插入、删除和查找的技术。相比于树表，它的优点在于查找算法的时间复杂度进一步减小，接近 $O(1)$；但那些需要元素间任何排序信息的操作在哈希表中都得不到有效的支持，比如寻找最大值、寻找最小值或将整个表按顺序输出等。

7.5.1　哈希表的定义

哈希表实际上是一个具有固定大小的连续空间，其中每条记录的存储位置和它的关键字之间有一个确定的对应关系 H，称为**哈希函数**。通过哈希函数的映射得到的关键字在哈希表中的存储位置称为**哈希地址**。理想情况下，这个函数应该计算简单，并且保证可以将任何两个不同的关键字映射到不同的存储单元。但实际上，这是不可能的，因为查找表的长度是有限的。但是关键字可能的取值范围却要大得多。因此，哈希函数往往是一种压缩映射，将关键字从原本很大的取值空间压缩至较小的查找表内的存储空间，这将导致不同的关键字经过哈希函数的映射后，得到相同哈希地址的现象，称为**冲突**（collision），而产生冲突的关键字也叫作**同义词**。

例如，建立一个江苏省内几个城市的人口统计表，以南京、徐州、镇江、苏州、扬州、常州和无锡为例。假定查找表的表长为 9，其中每条记录都包括城市名、人口总数、70 岁以上老人总数、18 岁以下青少年总数等数据项。设以城市名作为关键字 key，哈希函数为 *H*(key)=（key 的首字母 – 'A'）MOD9，即城市名的首字母与字母"A"的 ASCII 码的码值相减后与表长做求模运算，以保证得到的哈希地址在表长范围以内。南京的首字母是"N"，其哈希函数的取值为 4，也就是说"南京"这条记录在查找表中的哈希地址为"4"。以此类推，徐州、镇江、苏州、扬州和常州这些记录的哈希地址如图 7.22 所示。如果想继续放入"无锡"这条记录，则由于无锡的哈希地址也等于 4，与"南京"产生了冲突，所以无法放入。

	0	1	2	3	4	5	6	7	8
key			CHANGZHOU 常州		NANJING 南京	XUZHOU 徐州	YANGZHOU 扬州	ZHENJIANG 镇江	SUZHOU 苏州

图 7.22　哈希表示例

一般情况下，冲突只可能尽量减少，但无法避免。因此，我们的目标就是寻找一个哈希函数，可以将关键字均匀分配在哈希表中。剩下的问题就是选择一种合理的策略来解决冲突。

7.5.2　哈希函数的构造方法

哈希函数的设置非常灵活，常用的构造方法有以下几种。

1. 直接定址法

该方法取关键字或关键字的某个线性函数作为哈希地址，即 *H*(key)=key 或 *H*(key)=*a*key+*b*，其中 *a* 和 *b* 为常数。这种方法比较简单，适用于关键字的取值范围与哈希表的表长范围比较接近的情况。

例如，用一个考试成绩统计表统计成绩在 40 ～ 100 分的考生人数。如果以成绩作为关键字 key，哈希函数就可以取关键字本身，即 *H*(key)=key，如表 7.1 所示。此时，关键字的取值范围与哈希表的表长一致，因此不会产生冲突。但在实际应用中，这种情况并不常见。

表 7.1　直接定址法的哈希表

地址	040	041	042	…	060	061	…	099	100
成绩	≤ 40	41	42	…	60	61	…	99	100
人数	4671	2301	1927	…	4311	3019	…	1003	19

2. 数字分析法

假设关键字是一个 *r* 进制的数（如果是十进制，则 *r*=10），可以选取关键字中的若干数位或它们的组合作为哈希地址。这种方法适用于能预先估计出全体关键字的每一位上各种数字出现的频度，并尽量选择那些分布比较均匀的数位的情况。

例如，现有 800 条手机号码的记录，哈希表的表长为 1000。若以手机号码作为关键字 key，而手机号码可以看作一个 11 位的十进制数，则可以取其中的 3 位数组成哈希地址。那么应该选哪 3 位数呢？原则当然是尽量减少冲突的次数，因此需要对这 800 个手机号码进行分析。我们知道，中国的手机号码，前 3 位是网络识别号，4～7 位代表地区编码，最后的 8～11 位是用户的编码。因此，手机号码的前 3 位只可能是几组固定的数字，可区分性不强；而最后 4 位是随机的，可以从中选取各种数字出现频度最为平均的 3 位作为哈希地址，也可以将这 4 位数拆开后组成一个 3 位数作为哈希地址。

3. 平方取中法

该方法取关键字平方的中间几位作为哈希地址。当关键字的每一个数位上都有某些数字重复出现且频度很高时，数字分析法将难以使用。对关键字求平方可以扩大其差别，同时平方值的中间各位又能受到整个关键字中各个数位的影响，由此得到的哈希地址随机性将更大，可以减少地址的冲突。

例如，以图 7.22 所示的哈希表为例，将哈希函数修改为首先计算关键字首字母的 ASCII 码的平方，然后取平方后的百位数作为哈希地址，如表 7.2 所示。此时根据 7 个关键字得到的 7 个地址将不会产生冲突。

表 7.2　平方取中法

关键字	NANJING 南京	XUZHOU 徐州	ZHENJIANG 镇江	SUZHOU 苏州	YANGZHOU 扬州	CHANGZHOU 常州	WUXI 无锡
（关键字首字母）^{2}	6084	7744	8100	6889	7921	4489	7569
哈希地址	0	7	1	8	9	4	5

4. 折叠法

该方法将关键字分割成若干部分，然后取它们的叠加和作为哈希地址。此方法适用于关键字的数位特别多的情况。

例如，每一个期刊都有一个连续的国际标准书号（ISBN）（共 13 位），可以将它的后 8 位看作一个 8 位的十进制数。若以该数字作为关键字 key 建立哈希查找表，表长为 1000，则可采用折叠法构造一个 3 位数的哈希地址。折叠法包括移位叠加和间接叠加两种方法。移位叠加是将分割后的数直接累加；间接叠加则是将分割后的数间隔着进行逆置后再累加。假设某期刊的 ISBN 后 8 位是 10068961，则对其利用折叠法得到的哈希地址如图 7.23 所示。

$$
\begin{array}{r}
100 \\
689 \\
+\quad 61 \\
\hline
850
\end{array}
\qquad
\begin{array}{r}
100 \\
986 \\
+\quad 61 \\
\hline
1147
\end{array}
$$

$H(\text{key})=850$ $\qquad$ $H(\text{key})=147$

a）移位叠加 $\qquad$ b）间接叠加

图 7.23　折叠法

5. 除留余数法

该方法取关键字除以某个不大于哈希表表长 n 的整数 p 后所得余数作为哈希地址，即

$$H(\text{key})=\text{key MOD } p \qquad p \le n \qquad\qquad（7.9）$$

这是一种最简单、最常用的方法，其中不仅可以对关键字直接取模，也可以在数字分析、平方取中或折叠运算之后取模。

在选择这种方法时，p 的取值很重要，因为若 p 取值不当，则很容易出现冲突。一般情况下，我们选择一个不大于 n 的素数作为 p。例如，假设有一组关键字（12, 28, 18, 24, 36, 22, 34, 46），如果取 $p=8$，那么这些关键字对应的哈希地址将是（4, 4, 2, 0, 4, 6, 2, 6），产生了较多冲突。

6. 随机数法

该方法选择一个随机函数，取关键字的随机函数值作为哈希地址，即 $H(\text{key})=\text{random}(\text{key})$，其中 random 为随机函数。通常，当关键字的长度不等时，可以采取这种方法构造哈希函数。

在实际应用中，采用何种构造哈希函数的方法取决于关键字集合的情况（包括关键字的范围和形态）以及表长范围，总的原则是使关键字均匀分布在哈希表中，并且将产生冲突的可能性尽可能降低。

7.5.3　处理冲突的方式

既然好的哈希函数也只能减少冲突的次数而无法避免冲突，那么必须采用有效的方式来处理冲突。

7.5.3.1　链地址法

解决冲突的第一种方法是链地址法，其做法是将产生冲突的所有关键字保留到一个链表中。此时，哈希表中的每个存储单元存放的并不是记录本身，而是产生冲突的所有关键字构成的单链表的表头。

例如，已知哈希表的表长为 11，一组关键字为（0, 1, 4, 9, 16, 25, 36, 49, 64, 81），根据哈希函数 $H(\text{key})=\text{key MOD}11$ 并采用链地址法解决冲突最终创建的哈希表如图 7.24 所示。在进行查找时，应根据哈希函数来确定究竟该遍历哪个链表。

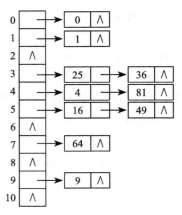

图 7.24　采用链地址法解决冲突的哈希表

7.5.3.2　开放定址法

开放定址法是在顺序存储的哈希表中为产生冲突的地址寻找下一个哈希地址。在处理冲突的过程中，可能会得到一个地址序列 H_i（$H_i \in [0, n-1]$，$i=1, 2, \cdots, n-1$，其中 n 表示哈希表的表长），即在处理冲突时寻找的另一个哈希地址 H_1 仍然是冲突的，只得继续求

下一个地址 H_2，直到 H_j 不发生冲突为止。在开放定址法中，以发生冲突的哈希地址为自变量，通过某种函数得到一个新的空闲哈希地址的方法有很多种，下面介绍几种常用的方法。假定关键字的个数为 m，哈希表的表长为 n，且 $m<n$。

1. 线性探测法

该方法以发生冲突的哈希地址开始，依次探测其下一个地址（当到达查找表的表尾时，下一个探测地址应该是首地址"0"），直到找到一个空闲的哈希地址为止。线性探测法的数学递推公式为

$$H_i(\text{key}) = (H(\text{key})+i) \text{ MOD } n \quad (1 \leqslant i \leqslant n-1) \tag{7.10}$$

线性探测法容易产生堆积问题。因为如果连续出现若干同义词，则这些同义词将会在哈希表中占据连续的存储地址。例如，假设第一个同义词的地址在 d，则如果后面连续出现 k 个同义词，那么这些同义词将会占用哈希表中的地址 $d+1$，$d+2$，…，$d+k$。之后，任何出现在地址 $d+1$ 到地址 $d+k$ 上的哈希映射，即使没有同义词也会由于之前同义词的堆积产生冲突。为解决这一问题，可以将递推公式改进为

$$H_i(\text{key}) = (H(\text{key})+ci) \text{ MOD } n \quad (c \geqslant 1, 1 \leqslant i \leqslant n-1) \tag{7.11}$$

2. 平方探测法

平方探测法的数学递推公式为

$$H_i(\text{key}) = (H(\text{key}) \pm i^2) \text{ MOD } n \quad (1 \leqslant i \leqslant (n-1)/2) \tag{7.12}$$

平方探测法可以避免出现堆积问题。但是要注意，在使用该方法时，应确保哈希表的表长 n 必须是一个形如 $4j+3$ 的素数（例如 7、11、19、23 等）。因为在处理冲突的过程中，地址序列 H_i 必须具有"完备性"，即如果当前产生冲突的哈希地址为 d，那么 H_i 应该确保可以覆盖哈希表中除了 d 以外的所有地址。

例如，若表长 $n=11$，当前的哈希地址 $d=4$，则如果该地址有冲突，那么在用平方探测法寻找下一个空闲地址时，H_i 的取值情况将如表 7.3 所示（做减法时，若出现负值，可以将该负值与表长 n 或 n 的倍数相加，得到正值后再做求模运算）。可以发现，H_i 可以覆盖表中除了地址"4"以外的所有剩余地址，因此也确保可以为当前发生冲突的关键字找到一个空闲地址。

表 7.3　表长为 11 时的平方探测法

i	1		2		3		4		5	
地址增量	+1	−1	+4	−4	+9	−9	+16	−16	+25	−25
H_i	5	3	8	0	2	6	9	10	7	1

如果表长为 $n=13$，那么由于 13 虽然也是素数，但不满足 $4j+3$ 的形式，所以若此时当前的哈希地址 $d=4$，且该地址有冲突，则在用平方探测法寻找下一个空闲地址时，H_i 的取值情况如表 7.4 所示。可以看到，H_i 的取值并不完备，哈希表中的地址"2""6""9""10""11""12"均未被探测到，因此无法确保可以为当前发生冲突的关键字找到一个空闲地址。

表 7.4　表长为 13 时的平方探测法

i		1		2		3		4		5		6
地址增量	+1	−1	+4	−4	+9	−9	+16	−16	+25	−25	+36	−36
H_i	5	3	8	0	0	8	7	1	3	5	1	7

3. 随机探测法

随机探测又叫作双哈希函数探测，其数学递推公式为

$$H_i(key)=(H(key)+iH_2(key))\ \text{MOD}\ n \quad (1 \leqslant i \leqslant n-1) \tag{7.13}$$

其中 $H_2(key)$ 是另设的一个哈希函数，为确保 H_i 具有"完备性"，$H_2(key)$ 的取值应该与表长 n 互为素数。若表长 n 本身就为素数，则 $H_2(key)$ 可以取 1 至 $n-1$ 之间的任意数；若表长 n 为 2 的幂次，则 $H_2(key)$ 应是 1 至 $n-1$ 之间的任意奇数。

7.5.4　哈希表的查找

在哈希表中进行查找的过程与构造哈希表的过程类似。以开放定址法为例，对于给定的待查关键字 key，首先根据设定的哈希函数求得相应的哈希地址，若该地址为空，则查找不成功；否则将待查关键字 key 与该地址中存储的关键字做比较。若相等，则查找成功；否则根据冲突解决机制寻找下一个地址 H_i，直至某个 H_i 为空，或者其中的关键字等于待查关键字 key 为止。

开放定址法的哈希表存储结构定义为：

```
typedef struct
{
    ElemType *elem;            // 记录存储的基地址，动态分配数组
    int count;                 // 查找表中包含的记录个数
    int tablesize;             // 查找表的容量
}HashTable;                    // 哈希表类型定义
```

在基于开放定址法构造的哈希表 H 中查找关键字 key，如果存在，则用 d 表示其存储位置，查找成功，否则查找不成功。

算法 7.9　哈希表的查找算法

```
Status SearchHash( HashTable *H, KeyType key, int &d )
{
    p = Hash(key);                      // 根据设定的哈希函数获取哈希地址
    while( H->elem[p]!=NULL && H->elem[p].key!=key ) // 如果地址不空且其中的关键字
不等于 key
        p = collision(p);               // 根据设定的冲突解决机制获取下一个哈希地址
    if( H->elem[p]!=NULL && H->elem[p].key==key ) // 如果当前地址中的关键字等于 key
    {
        d = p;                          // 用 d 存储 key 所在的数组位置
        return SUCCESS;                 // 查找成功
    }
    else
```

```
    return UNSUCCESS;                        // 查找不成功
} // SearchHash
```

如果某个记录 e 并不存在，则可以将其插入哈希表。插入的过程与查找类似，只不过在查找不成功时，会将 e 插入当前为空的哈希地址处。

算法 7.10 哈希表的插入算法

```
Status InsetHash( HashTable *H, ElemType e, int &d )
{
    p = Hash(key);                           // 根据设定的哈希函数获取哈希地址
     while( H->elem[p]!=NULL && H->elem[p].key!=e.key )   // 如果地址不空且其中的关键字不等于 e.key
        p=collision(p);                      // 根据设定的冲突解决机制获取下一个哈希地址
    if( H->elem[p].key==e.key )              // 如果当前地址中的关键字等于 e.key
        return UNSUCCESS;                    // 插入不成功
    else                                     // 否则表示当前地址为空
    {
        H->elem[p] = e;                      // 将记录 e 插入当前位置
        (H->count)++;                        // 哈希表中包含的记录个数加 1
        d = p;                               // 用指针 d 保存插入位置
        return SUCCESS;                      // 插入成功
    }
} // InsertHash
```

值得注意的是，如果在基于开放定址法构造的哈希表中删除一个记录，则需要在该位置上填入一个特殊标记，而不能直接将该位置清空，以免找不到在其后填入的同义词记录。如果是基于链地址法构造的哈希表，则可以直接将对应的结点从链表中删除。

7.5.5 性能分析

从前述的哈希表查找过程可见：

（1）虽然哈希表的记录与其存储地址之间存在直接的哈希映像关系，但由于冲突的存在，哈希查找并不能在常数时间内完成，依然需要将待查关键字与查找表中的若干关键字进行比较，因此仍然需要利用平均查找长度 ASL 来衡量哈希表的查找效率；

（2）查找过程中需要的比较次数与三个因素有关：哈希函数、冲突解决机制和哈希表的装填因子。哈希表的装填因子定义为

$$\alpha = \frac{哈希表中填入的记录个数}{哈希表长} \tag{7.14}$$

装填因子表示了哈希表的填满程度。显然，α 越小，发生冲突的可能性越小；反之 α 越大，说明表中已经填入很多记录，如果再填入，发生冲突的可能性当然也就越高。

哈希函数的好坏的最直观的影响就是发生冲突的频率。当装填因子以及哈希函数相同时，不同的冲突解决机制将构出不同的哈希表，相应的平均查找长度也将不同。

例如，有一组关键字（21, 19, 54, 62, 7, 32, 29, 44, 15），哈希表的表长为 11，哈希函数为 $H(\text{key})=\text{key MOD} 11$，如果用链地址法解决冲突，则构造的哈希表如图 7.25 所示。

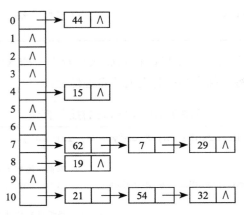

图 7.25　链地址法构造的哈希表

查找每个关键字所需的比较次数如表 7.5 所示。

表 7.5　在基于链地址法构造的哈希表中查找各关键字所需比较次数

关键字	21	19	54	62	7	32	29	44	15
比较次数	1	1	2	1	3	3	3	1	1

由此可以计算该表的平均查找长度：

$$\text{ASL}_{链地址法} = \frac{1}{9} \times （1+1+2+1+2+3+3+1+1）=1.67$$

若采用开放定址法，分别利用线性探测、平方探测以及双哈希函数探测的方法（可以设定 $H_2(\text{key})=(3\text{key})\text{MOD}10+1$）来解决冲突，则得到的哈希表及查找各关键字所需的比较次数分别如表 7.6、表 7.7 和表 7.8 所示。

表 7.6　基于线性探测法构造的哈希表以及查找各关键字所需比较次数

地址	0	1	2	3	4	5	6	7	8	9	10
关键字	**54**	**32**	**29**	**44**	15	–	–	62	19	**7**	21
比较次数	2	3	7	4	1			1	1	3	1

表 7.7　基于平方探测法构造的哈希表以及查找各关键字所需比较次数

地址	0	1	2	3	4	5	6	7	8	9	10
关键字	**54**	**44**	–	**29**	15	–	**7**	62	19	**32**	21
比较次数	2	2		5	1		3	1	1	3	1

表 7.8　基于双哈希探测法构造的哈希表以及查找各关键字所需比较次数

地址	0	1	2	3	4	5	6	7	8	9	10
关键字	44	–	**54**	–	**29**	**15**	**32**	62	19	**7**	21
比较次数	1		2		2	3	2	1	1	2	1

可以分别计算这三种不同冲突解决机制下的平均查找长度：

$$\text{ASL}_{线性探测法} = \frac{1}{9} \times （2+3+7+4+1+1+1+3+1）=2.56$$

$$\text{ASL}_{\text{平方探测法}} = \frac{1}{9} \times (2+2+5+1+3+1+1+3+1) = 2.11$$

$$\text{ASL}_{\text{双哈希函数探测法}} = \frac{1}{9} \times (1+2+2+3+2+1+1+2+1) = 1.67$$

可以看出，线性探测法容易产生堆积，使得后续的不同记录的哈希地址又会产生新的冲突，从而导致平均查找长度较大。而链地址法、平方探测法及双哈希函数探测法则可以较好地解决这个问题。但是线性探测的优点在于计算简单。

在哈希函数以及冲突解决机制相同的情况下，平均查找长度则取决于装填因子 α。表7.9 列出了几种不同冲突解决机制下的平均查找长度。从中可以看出，哈希表的平均查找长度不是表长 n 的函数，而是装填因子 α 的函数，因此在设计哈希表时，可以选择一个适当的装填因子 α，使平均查找长度限定在某个范围内。

表 7.9　不同冲突解决机制下的哈希表平均查找长度

冲突解决机制	平均查找长度	
	查找成功	查找不成功
链地址法	$1+\dfrac{\alpha}{2}$	$\alpha+e^{-\alpha} \approx \alpha$
线性探测法	$\dfrac{1}{2}\left(1+\dfrac{1}{1-\alpha}\right)$	$\dfrac{1}{2}\left(1+\dfrac{1}{(1-\alpha)^2}\right)$
平方探测法	$-\dfrac{1}{\alpha}\ln(1-\alpha)$	$\dfrac{1}{1-\alpha}$

哈希表的使用非常广泛。例如，编译器会使用哈希表来跟踪源程序中声明的变量，这些变量一般都不长，而且也没必要对它们进行排序处理，因此用哈希表可以快速地完成这些变量的查找。此外，网络中的域名服务器（DNS）也利用哈希函数来快速查找用户输入的域名所对应的 IP 地址。

7.6　小结

本章主要讨论了顺序表、树表和哈希表的查找。

对于顺序表的查找，如果关键字 key 是无序的，则需要对整个顺序表进行遍历查找，时间复杂度为 $O(n)$。如果关键字 key 是有序的，则可以采用折半查找方式，将时间复杂度降低到 $O(\log n)$。当然，还可以用索引查找的方式，将数据进行分段，以分级进行查找，避免遍历整个数据表。

相应地，二叉排序树、平衡二叉树则利用了二叉树的性质，将关键字 key 的查找由整个数据表的遍历变成了从根结点开始，沿着二叉树的左、右子树逐层向下的搜索过程，查找的时间复杂度则取决于树的深度。如果二叉排序树在建立时已退化成单链表形式，树的深度达到 n，则查找时间复杂度就退化到 $O(n)$。为避免这一问题，平衡二叉树通过在二叉排序树建立过程中的平衡化处理，保证了查找算法的时间复杂度为 $O(\log n)$。进一步，

B- 树和 B+ 树的每个结点可存储更多的数据元素，以降低树的深度，进而降低查找的时间复杂度。同时，树形结构的查找表也便于结点的插入和删除。

为了更进一步降低查找的时间复杂度，通过建立关键字 key 值和查找表存储地址的映射关系构造特定的哈希表，则可将查找时间复杂度降到 $O(1)$。当然，选择的哈希函数和解决冲突的方法对基于哈希表的查找的时间复杂度影响较大。

7.7　练习

1. 已知一个有序递增的数组 A[1, ⋯, 4n]，序列中关键字均不相同。按如下方法查找关键字为 k 的记录：先在序号为 4, 8, 12, ⋯, 4n 的记录中进行查找，可能查找成功，也可能由此确定一个继续查找的范围。请设计满足上述过程的查找算法，并分析算法的时间复杂度。

2. 设计算法，以从大到小输出二叉排序树中不小于 k 的所有关键字。

3. 设计算法判定一棵二叉树是否为二叉排序树。

4. 设计算法判断一棵二叉树是否为平衡二叉树。

5. 给定关键字序列（23, 45, 29, 76, 54, 61, 19, 33, 89, 25, 30），创建一个平衡的二叉排序树和一个 3 阶 B- 树。

6. 给定关键字序列（6, 10, 17, 20, 23, 53, 42, 54, 57），已知哈希表长为 11，哈希函数为 $H(key)=(2key)MOD11$，利用平方探测法解决冲突。请构造该哈希表，并分别计算在等概率情况下，查找成功与不成功的平均查找长度。

第8章 排　　序

8.1　引言

排序（sorting）是我们在计算机数据处理中经常遇到的。特别是，在事务处理中排序占了很大的比重，一般认为其中四分之一以上的时间都用在排序上。排序的功能是将一组杂乱无章的数据元素或记录序列重新排列成一个按关键字有序的序列。

例如，对学生按绩点排名；在任一购物网站上，对信用度、销量等排序；第7章介绍的折半查找能极大提高查找效率，但前提是顺序表按关键字有序。这些都要求对线性表进行排序，因此排序算法是计算机程序设计中的一项重要操作。

8.2　排序的定义与分类

8.2.1　排序的定义

假设有一个含 n 个记录的序列 $\{R_1, R_2, \cdots, R_n\}$，其相应的关键字序列为 $\{K_1, K_2, \cdots, K_n\}$，需确定针对 1, 2, $\cdots$, n 的一种排列 $p_1, p_2, \cdots, p_n$，使其相应的关键字满足非递减（正序）$K_{p_1} \leqslant K_{p_2} \leqslant \cdots \leqslant K_{p_n}$ 或非递增（逆序）关系，使得记录序列成为一个按关键字有序的序列 $\{R_{p_1}, R_{p_2}, \cdots, R_{p_n}\}$。这样的操作称为**排序**。

排序定义中的关键字 K 既可以是主关键字，也可以是次关键字。若 K 是主关键字，则任何一个记录的无序序列经排序后得到的结果都是唯一的；若 K 是次关键字，则排序的结果不唯一，因为待排序的记录序列中可能存在两个或两个以上关键字相等的记录。假设 $K_i = K_j (1 \leqslant i \leqslant n, 1 \leqslant j \leqslant n, i \neq j)$，且在排序前的序列中 R_i 在 R_j 之前（即 $i<j$），若在排序后的序列中 R_i 仍在 R_j 之前，则称所用的排序方法是**稳定的**；反之，若在排序后的序列中 R_j 可能在 R_i 之前，则称所用的排序方法是**不稳定的**。

8.2.2　排序的分类

根据算法思想，排序一般可分为五类：插入排序、交换排序、选择排序、归并排序和基数排序。根据排序过程的时间复杂度，排序则可分为三类：简单的排序方法，其时间复杂度为 $O(n^2)$；改进的排序方法，其时间复杂度为 $O(n\log n)$；基数排序，其时间复杂度为 $O(dn)$。

由于排序记录的数据量可能超过内存容量，因此可将排序分为两大类：一类是内部排序，指的是排序记录存放在计算机内存中进行的排序过程；另一类是外部排序，指的是排序记录的数据量大，内存一次不能容纳全部记录，在排序过程中尚需对外存进行访问的排序过程。本章主要讨论内部排序。

内部排序的方法很多，每种方法都有各自的优缺点，因此适合的使用环境（如记录的数据量多少，初始排列状态等）不同。一般评价一个算法的好坏的标准只有两个：时间复杂度和空间复杂度。本章仅就每一类介绍一些典型算法，有兴趣的读者可阅读更多的课外资料，以便于继续学习和改进算法。

8.2.3　排序的数据类型

常见的排序算法将待排序的一组记录存放在地址连续的一组存储单元中，即采用线性表的顺序存储结构，因此在序列中相邻的两个记录的存储位置也相邻。在这种存储方式中，记录之间的次序关系由其存储位置决定，则实现排序必须借助"比较"和"移动"这两个基本操作。

待排记录的数据类型设为：

```
#define  MAXSIZE  256          // 用作示例的顺序表的最大长度
typedef int  KeyType;          // 示例中的关键字类型为整数类型
typedef  struct
{
    KeyType key;               // 关键字项
    InfoType info;             // 其他数据项
}RecordType;                   // 定义记录类型
typedef  struct
{
    RecordType r[MAXSIZE+1];   // 0 号单元闲置
    int length;                // 顺序表长度
}SqList;                       // 用于排序的顺序表类型
```

为了更好地说明算法思想，在下面介绍的排序算法中，假设记录的关键字均为整数，排序算法默认为实现非递减（正序）排序。如果要实现逆序排序，则在算法中稍作修改即可。

8.3　插入排序

插入排序（insertion sort）的原则是将一个待排序的记录按关键字值的大小插入前面已经排序好的一组记录的适当位置，直到所有记录完成排序为止。

8.3.1　直接插入排序

直接插入排序（straight insertion sort）是一种最简单的排序方法，它的基本操作是将一个记录插入已排好序的有序表，从而得到一个新的、记录数增加 1 的有序表。

例 8.1　直接插入排序示例　设有一个由待排序的一组记录组成的线性表，关键字的初始排列为 { 48，35，66，91，74，18，22，48}。我们可以认为第一个关键字 {48} 组成的线性表已是有序表；将第二个关键字插入前面的有序表，使之有序，得到序列 {35，48}；再将第三个关键字插入，使之有序，得到序列 {35，48，66}；如此重复，直到所有关键字都已插入，完成排序（如图 8.1 所示）。

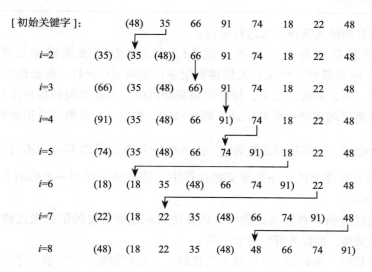

图 8.1　直接插入排序示例

可见，直接插入排序的算法思想如下：

（1）假设由前 $i-1$ 个记录关键字组成的子序列 $r[1, \cdots, i-1]$ 已为正序，在子序列中寻找合适位置并插入记录关键字 $r[i]$，使子序列成为含有 i 个记录关键字的正序子序列。

（2）对有 n 个记录关键字的序列，重复上述过程至 $i=n$，完成整个序列的直接插入排序。

相应的算法实现如下。

算法 8.1　第 i 个记录的插入

```
void Insert( SqList &L, int i )
{
    // 将记录 r[i] 插入由前 i-1 个记录关键字组成的有序子序列，结果保持有序
    temp = L.r[i];      // 将第 i 个记录临时保存
    for( j = i; j >1; j-- )
        if( temp.key < L.r[j-1].key )  L.r[j] = L.r[j-1];    // 比较关键字，若待排
关键字小，则后移记录
            else break;    // 已确定插入位置
    L.r[j] = temp;      // 将记录 r[i] 插入正确位置
}// Insert
```

算法 8.2　直接插入算法

```
void InsertSort( SqList &L)
{
    // 对顺序表 L 进行直接插入排序
    for( i=2; i<=L.length; i++ ) // 从第 2 个记录开始，完成插入排序
```

```
        Insert(L,i);
    } //InsertSort
```

接下来对直接插入排序算法进行分析。

（1）时间复杂度分析：对于算法 8.1，前 $i-1$ 个记录关键字已为正序，如果 $r[i] \geq r[i-1]$，则是最好的情况，无须移动记录；如果 $r[i]<r[1]$，则是最坏的情况，要移动 $i-1$ 个记录。在大多数情况下，排序记录是随机的，可能出现的各种排列的概率相同，因此该算法需要平均移动一半的记录，即 $(i-1)/2$。算法 8.2 从第二个记录开始实现插入，直到最后一个记录，平均移动次数为 $\sum_{i=2}^{n} \frac{i-1}{2} = n(n-1)/4$，因此 $T(n) =O(n^2)$。

（2）空间复杂度分析：在数据交换过程中，该算法只用到一个临时存储空间 temp，因此 $S(n) =O(1)$。

（3）稳定性分析：在插入过程中，该算法只对连续位置的记录做比较交换，关键字相同的记录不交换，因此该算法是稳定的。

（4）改进策略：在确定 $r[i]$ 的插入位置时，可以对前面 $i-1$ 个有序子序列进行折半查找，确定位置后再进行向后移位，这样可以减少"比较"的次数，但"移动"的次数不变。由于排序算法的主要工作量在移位操作上，所以算法的时间复杂度不变，即 $T(n) =O(n^2)$。

8.3.2　希尔排序

希尔排序（Shell's sort）又称"缩小增量排序"（diminishing increment sort），是一种改进的插入排序算法，在时间效率上有较大的提高。

通过对直接插入排序的分析可知，其算法时间复杂度为 $O(n^2)$，当待排记录序列为有序时，其时间复杂度可提高至 $O(n)$。当待排记录序列按关键字"基本有序"时，插入排序的效率就可大幅提高。从另一方面来看，由于直接插入排序法很简单，所以它在 n 值很小时的效率也比较高。希尔排序正是从这两点分析出发，对直接插入排序进行改进。

希尔排序的基本操作过程是：先将整个待排记录序列分成为若干个子序列，分别进行直接插入排序，待整个序列中的记录"基本有序"时，再对全体记录进行一次直接插入排序。设 d 为子序列的增量，即在记录序列中，每间隔 d 个记录取一个记录，组成记录子序列。例如进行 3 趟排序过程：第 1 趟，$d=5$，分别以第 1、2、3、4、5 个记录为起点，每间隔 5 个记录取一个记录，组成 5 个记录子序列，然后在原来记录的存储位置上分别对这 5 个记录子序列进行直接插入排序；在上述的基础上，第 2 趟令 $d=3$，进行 3 个子序列的直接插入排序；最后一趟令 $d=1$，即对所有记录进行直接插入排序。d 值即为子序列记录间隔的增量，每次排序过程的增量逐渐缩小，直至最后一次 $d=1$，完成整个序列的排序。

例 8.2　希尔排序示例　以关键字序列 { 48，35，66，91，74，18，22，48，57，3} 为例，d 分别取 5、3、1，希尔排序的过程如图 8.2 所示。

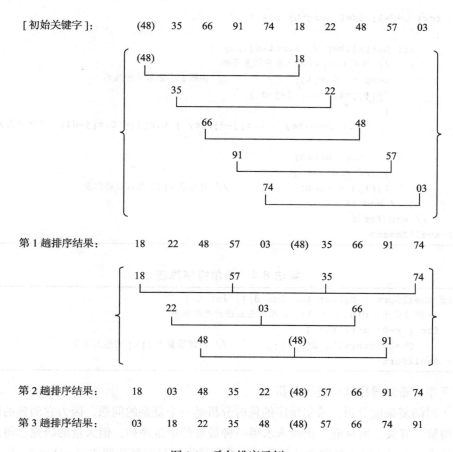

[初始关键字]:　　(48)　35　66　91　74　18　22　48　57　03

第 1 趟排序结果:　　18　22　48　57　03　(48)　35　66　91　74

第 2 趟排序结果:　　18　03　48　35　22　(48)　57　66　91　74

第 3 趟排序结果:　　03　18　22　35　48　(48)　57　66　74　91

图 8.2　希尔排序示例

从上述排序过程可见,希尔排序的特点是子序列的构成不是简单地将序列"逐段"分割,而是将相隔某个"增量"的记录组成一个子序列。如上例中,第 1 趟排序时的增量为 5,第 2 趟排序时的增量为 3。由于在原来的记录存储位置上,在插入排序中记录的关键字是和同一子序列中的前一个记录的关键字进行比较,因此关键字较小的记录就不是一步一步地往前挪动,而是跳跃式地往前移,从而使得在进行最后一趟增量为 1 的插入排序时,序列已基本有序,只要进行记录的少量比较和移动即可完成排序。因此希尔排序的时间复杂度比直接插入排序低。

综上,希尔排序算法思想如下:

(1)对间隔为 d 的子序列进行直接插入排序;

(2)逐步缩小增量的取值 d,重复上述过程,直到 d 为 1,完成整个序列的希尔排序。

相应的算法实现如下。

算法 8.3　增量为 d 时的直接插入排序

```
void ShellInsert( SqList &L, int d )
{ // 对间隔 d 的子序列进行直接插入排序
```

```
        for( i=d+1; i<=L.length; i++ )
        {
            if( L.r[i].key <  L.r[i-d].key )
            {  // 需将 L.r[i] 插入有序增量子表
                temp = L.r[i];              // 将第 i 个记录临时保存
                for( j=i; j>d; j=j-d )
                {
                    if( temp.key < L.r[j-d].key ) L.r[j]= L.r[j-d]; //比较关键字并后移记录
                    else break;
                }  // end for j
                L.r[j] = temp;              // 将记录 r[i] 插入正确位置
            } // end if
        } // end for i
    }// ShellInsert
```

算法 8.4　希尔排序算法

```
void ShellSort ( SqList &L, int d[], int t )
{   // 按增量序列 d[0,…,t-1]，对顺序表 L 进行希尔排序
    for ( k=0; k<t; k++ )
        ShellInsert(L, d[k] );              // 一趟增量为 d[k] 的插入排序
}// ShellSort
```

接下来对希尔排序算法进行分析。

（1）时间复杂度分析：希尔排序的耗时分析是一个复杂的问题，因为它消耗的时间与所取"增量"有关，而目前为止尚未求得一种最好的增量序列，但大量的研究已得出一些局部的结论。当 d 为某个特定取值函数时，希尔排序的时间复杂度 $T(n) = O(n^{1.5})$。但需注意的是，应使增量序列中的值没有除 1 之外的公因子，并且最后一个增量值必须等于 1。

（2）空间复杂度分析：在数据交换过程中，该算法始终只用到一个临时变量，因此 $S(n) = O(1)$。

（3）稳定性分析：在子序列插入过程中，由于发生了两个相隔增量位置的记录交换，相同关键字记录的次序可能也被改变，因此该算法是不稳定的。

8.4　交换排序

交换排序（exchange sort）是一种常用的排序思想，它通过比较两个记录关键字并交换位置得到最终的排序结果。

8.4.1　简单交换排序

简单交换排序也称为**冒泡排序**（bubble sort）。它的基本操作过程很简单。首先将第 1 个记录的关键字和第 2 个记录的关键字进行比较，若为逆序，则将两个记录交换，然后比较第 2 个记录和第 3 个记录的关键字，以此类推，直至第 $n-1$ 个记录和第 n 个记录的关键字进行过比较为止。这个过程称为第 1 趟冒泡，其结果是关键字最大的记录被安置到最

后一个记录的位置上。然后进行第 2 趟冒泡，对前 $n-1$ 个记录进行同样的操作，其结果是关键字次大的记录被安置到第 $n-1$ 个记录的位置上。以此类推，直至完成第 $n-1$ 趟冒泡，即完成排序。

例 8.3　**冒泡排序示例**　以关键字序列 $\{48, 35, 66, 91, 74, 18, 22, 48, 57, 03\}$ 为例，冒泡排序的过程如图 8.3 所示。

[初始关键字]:	(48)	35	66	91	74	18	22	48	57	03
第 1 趟排序后:	35	(48)	66	74	18	22	48	57	03	**91**
第 2 趟排序后:	35	(48)	66	18	22	48	57	03	**74**	**91**
第 3 趟排序后:	35	(48)	18	22	48	57	03	**66**	**74**	**91**
第 4 趟排序后:	35	18	22	(48)	48	03	**57**	**66**	**74**	**91**
第 5 趟排序后:	18	22	35	(48)	03	**48**	**57**	**66**	**74**	**91**
第 6 趟排序后:	18	22	35	03	**(48)**	**48**	**57**	**66**	**74**	**91**
第 7 趟排序后:	18	22	03	**35**	**(48)**	**48**	**57**	**66**	**74**	**91**
第 8 趟排序后:	18	03	**22**	**35**	**(48)**	**48**	**57**	**66**	**74**	**91**
第 9 趟排序后:	**03**	**18**	**22**	**35**	**(48)**	**48**	**57**	**66**	**74**	**91**

图 8.3　冒泡排序示例

冒泡排序的算法思想总结如下：

（1）对相邻记录关键字进行两两比较，通过交换将较大者向后移动，每一趟排序将最大者移到最后。

（2）第 1 趟，n 个记录参加比较，得到最大值；第 2 趟，前 $n-1$ 个记录参加比较，得到最大值；以此重复，直到仅剩一个记录，完成排序。

冒泡排序的算法实现如下。

算法 8.5　冒泡排序算法

```
void BubbleSort( SqList &L )
{    // 对顺序表 L 进行冒泡排序
    for( i=1; i<=L.length-1; i++ )// 进行 n-1 次冒泡过程
    {
        for( j=1; j<=L.length-i; j++ )// 前 n-i 个关键字两两比较
        {
            if( L.r[j].key > L.r[j+1].key )// 比较关键字
            {
```

```
                    temp=L.r[j]; L.r[j]= L.r[j+1]; L.r[j+1]=temp;        // 逆序则交换,
使较大者后移
                } // end if
            } // end for j
        } // end for i
    }// BubbleSort
```

接下来对冒泡排序算法进行分析。

（1）时间复杂度分析：算法的第 1 趟进行了 $n-1$ 次记录关键字的比较，平均移动一半的记录，即 $(n-1)/2$；第 2 趟比较了 $n-2$ 个记录……直到最后一个记录的平均移动次数为 $\sum_{i=1}^{n-1}\dfrac{n-i}{2}=n(n-1)/4$。因此无论记录关键字是有序还是无序，时间复杂度均不变，即 $T(n)=O(n^2)$。

（2）空间复杂度分析：在数据交换过程中，该算法只用到一个临时变量，因此 $S(n)=O(1)$。

（3）稳定性分析：在交换过程中，该算法只对连续位置的记录做比较交换，关键字相同的记录不交换，因此该算法是稳定的。

（4）改进策略：在冒泡排序的每趟排序中，为了得到当前的最大数，进行了大量的与之前重复的比较交换，如果减少重复的比较交换次数，算法的效率将得到提高。因此对应的改进策略可为，在一趟冒泡过程中，如果没有出现记录交换，则认为已完成排序，可以结束排序。

8.4.2 快速排序

快速排序（quick sort）是对冒泡排序的一种改进，属于交换排序。它的基本思想是，通过一趟排序过程，将待排记录分割成独立的两部分，使其中一部分记录的关键字均比另一部分记录的关键字小，再分别对这两部分记录继续递归地进行排序，最终达到整个序列有序。

假设有一个由 n 个记录组成的待排序的序列。首先任意选取一个记录（可选第一个记录 $L.r[1]$）作为枢轴（pivot），按下述原则重新排列其余记录：将所有关键字比它小的记录都移到它的位置之前，将所有关键字比它大的记录都移到它的位置之后。此时，该"枢轴"记录已位于排序后的位置。然后将该"枢轴"记录的位置 i 作分界线，将序列分割成两个子序列。这个过程称为一趟快速排序。接下来对所分割的子序列递归地进行快速排序，直到子序列只有一个记录为止。

例 8.4　一趟快速排序示例　以关键字序列 { 48，35，66，91，74，18，22，48，57，03 } 为例，一趟快速排序的过程如图 8.4 所示。

快速排序的算法思想如下：

（1）一趟快速排序的实现过程：设两个指针 low 和 high，它们的初值分别为子序列的起点和终点。设枢轴记录为第一个记录，并存储在临时变量中，对应关键字称为

pivotkey。首先从 high 所指位置起向前搜索，找到第一个关键字小于 pivotkey 的记录，将其移送到 low 的位置。然后从 low 所指位置起向后搜索，找到第一个关键字大于 pivotkey 的记录，将其移送到 high 的位置。重复这两步直至 low=high 为止，将枢轴记录存入交界位置 low，使枢轴记录到位。

（2）对枢轴记录的前后两子序列递归地进行快速排序，直到子序列只有一个记录为止。

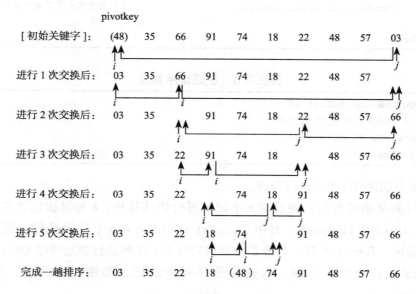

图 8.4　一趟快速排序示例

快速排序的算法实现如下。

算法 8.6　一趟快速排序算法

```
int Partition ( SqList &L, int low, int high )
{ // 一趟快速排序：使枢轴记录到位，并返回其所在位置，此时在它之前（后）的记录均不大（小）于它
    temp = L.r[low];                          // 用子表的第一个记录作为枢轴，并存储在临时变量中
    pivotkey= L.r[low].key;                    // 枢轴记录关键字
    while( low<high )
    { // 从表的两端交替向中间扫描
        while( low<high && L.r[high].key>=pivotkey )  high--;
        L.r[low] = L.r[high];                  // 将比枢轴记录小的记录移到前端
        while( low<high && L.r[low].key<=pivotkey )   low++;
        L.r[high] = L.r[low];                  // 将比枢轴记录大的记录移到后端
    } // end while ( low<high )
    L.r[low] = temp;                           // 枢轴记录到位
    return  low;                               // 返回枢轴位置
} // Partition
```

算法 8.7　low 和 high 区间的快速排序算法

```
void QSort( SqList &L,  int low,  int high )
{     // 在对记录序列进行一趟快速排序后，分别对两个子序列进行递归，完成快速排序
    if ( low<high )
    {
        pivotloc = Partition(L, low, high);        // 一趟快速排序
        QSort(L, low, pivotloc-1);                 // 对前部子序列进行递归快速排序
        QSort(L, pivotloc+1,high);                 // 对后部子序列进行递归快速排序
    }
}// QSort
```

算法 8.8　快速排序算法

```
void QuickSort( SqList &L )
{     // 对顺序表 L 进行快速排序
    QSort(L, 1, L.length);
} // QuickSort
```

接下来对快速排序算法进行分析。

（1）时间复杂度分析：假设对 n 个记录进行快速排序，k 为枢轴记录的位置，则 $T(n)=T_{\text{partition}}(n)+T(k-1)+T(n-k)$，其中 $T_{\text{partition}}(n)=O(n)$，为对 n 个记录进行一趟快速排序的时间复杂度，$T(k-1)$ 和 $T(n-k)$ 分别为对前后两个子序列进行快速排序 QSort(L,1,$k-1$) 和 QSort(1,$k+1$,n) 的所需时间。假设待排序列中的记录是随机排列的，可以得到 $T(n)=O(n\log n)$。

（2）空间复杂度分析：该快速排序算法采用递归实现。在一趟快速排序中，记录交换需要一个临时变量，子序列分别递归，直到递归结束才释放临时变量。因此参照时间复杂度的分析，可以得到 $S(n)=O(\log n)$。

（3）稳定性分析：在一趟快速排序过程中，前后端的记录与枢轴记录比较产生了前后大距离移动，相同关键字记录的次序可能被改变，因此该算法是不稳定的。

（4）改进策略：快速排序被认为是在所有同时间复杂度数量级的排序方法中平均性能最好的方法。但是，在初始记录序列按关键字有序或基本有序时，快速排序将退化为冒泡排序，其时间复杂度为 $O(n^2)$。为了对此进行改进，通常以"三者取中"的法则来选取枢轴记录，即在 low、(low+high)/2、high 这三者中，取其关键字中值的记录为枢轴。采用此规则可大幅改善快速排序在最坏情况下的性能。

8.5　选择排序

选择排序（selection sort）是指每一趟排序在剩余的未排序记录中选取关键字最小的记录，将其放置到前一趟有序序列后，有序序列长度增加 1，直到整个序列成为有序序列为止。

8.5.1 简单选择排序

简单选择排序（simple selection sort）的每一趟操作都对剩余的记录——做比较，找出最小关键字，并放置到相应的有序位置上。

例 8.5 简单选择排序示例 以关键字序列 { 48，35，66，91，74，18，22，48 } 为例，简单选择排序的过程如图 8.5 所示。

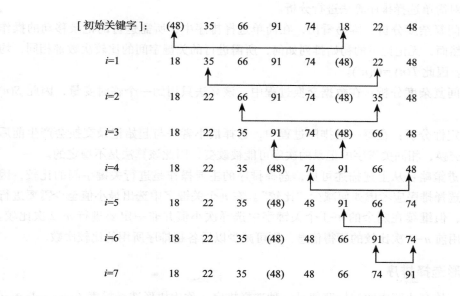

图 8.5　简单选择排序示例

简单选择排序的算法思想如下：

（1）在第 i 趟排序过程中，通过 $n-i$ 次关键字间的比较，从剩余的 $n-i+1$ 个记录中选出关键字最小的记录，并和第 i 个记录交换。

（2）对于 $i=1，\cdots，n-1$，执行上述过程，直至整个序列有序。

相应的算法实现如下。

算法 8.9　简单选择排序算法

```
void SelectSort (SqList &L)
{   // 对顺序表 L 进行简单选择排序
    for ( i=1; i<L.length; i++ )
    {   // 共 n-1 趟，选择最小的记录，并交换到位
        min = L.r[i].key;
        k = i;                         // 假设起始记录关键字为最小者
        for ( j=i+1; j<=L.length; j++ ) // 与后面的记录比较，选择最小的记录
        {
            if ( L.r[j].key<min )        // 发现更小者并存储
            {
```

```
            min=L.r[j].key;    k=j;
        } // end if
    } // end for j
    temp= L.r[i];   L.r[i]= L.r[k]; L.r[k]=temp;      // 找到最小者并交换
  } // end for i
} //SelectSort
```

接下来对简单选择排序算法进行分析。

（1）时间复杂度分析：容易看出，在简单选择排序中，所需进行的记录移动的操作次数较少。然而，无论记录的初始排列如何，所需进行的关键字间的比较次数都相同，均为 $n(n-1)/2$。因此 $T(n) =O(n^2)$。

（2）空间复杂度分析：在数据交换过程中，该算法只用到一个临时变量，因此 $S(n) =O(1)$。

（3）稳定性分析：在每一趟排序过程中，选择最小者并与起始记录交换会产生前后大距离记录交换，相同关键字的记录的次序可能被改变，因此该算法是不稳定的。

（4）改进策略：从上述描述可见，选择排序的主要操作是进行关键字间的比较，因此改进简单选择排序应考虑如何减少"比较"。在 n 个关键字中选出最小值至少需要进行 $n-1$ 次比较，但继续在剩余的 $n-1$ 个关键字中选择次小值并非一定要进行 $n-2$ 次比较。因此若能利用前 $n-1$ 次比较的所得信息，则可减少以后各趟排序所用的比较次数。

8.5.2   树形选择排序

实际上，体育比赛中的锦标赛便是一种选择排序，称为树形选择排序（tree selection sort），又称为锦标赛排序（tournament sort），是按照锦标赛的思想进行选择排序的方法。首先对 n 个记录的关键字进行两两比较，然后在其中的较小者之间进行两两比较，如此重复，直至选出具有最小关键字的记录。

例 8.6   树形选择排序示例   以关键字序列 { 48，35，66，91，74，18，22，48} 为例，这个过程可用一棵有 n 个叶子结点的完全二叉树表示，如图 8.6a。这棵二叉树展示了从 8 个关键字中选出最小关键字的过程。在 8 个叶子结点中依次存放排序之前的 8 个关键字，每个非终端结点中的关键字均等于其左、右孩子结点中较小的关键字，则根结点中的关键字即为所有关键字中的最小者。在输出最小关键字之后，若欲选出次小关键字，则仅需将叶子结点中的最小关键字（18）改为"最大值"，然后从该叶子结点开始，和其左（或右）兄弟的关键字进行比较，修改从叶子结点到根的路径上各结点的关键字，则根结点的关键字即为次小关键字。同理，可依次选出从小到大的所有关键字，参见图 8.6b 和图 8.6c。由于含有 n 个叶子结点的完全二叉树的深度为 $\log_2 n+1$，则在树形选择排序中，除了最小关键字之外，每选择一个次小关键字仅需进行 $\log_2 n$ 次比较，因此它的时间复杂度为 $O(n\log_2 n)$。但这种排序方法所需的辅助存储空间较多。

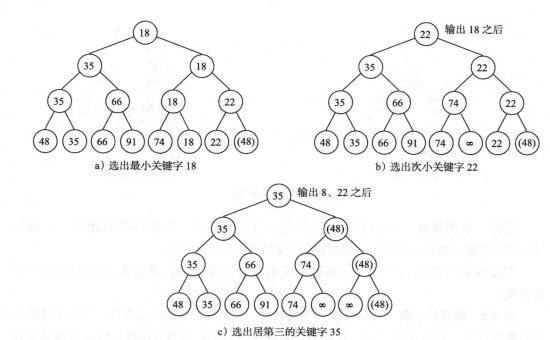

a）选出最小关键字 18

b）选出次小关键字 22

c）选出居第三的关键字 35

图 8.6　树形选择排序示例

8.5.3　堆排序

1964 年，威廉姆斯（J. Williams）和弗洛伊德（Floyd）在树形选择排序基础上提出了另外一种选择排序，称为堆排序。**堆排序**（heap sort）只需要一个记录大小的辅助空间，其比较的中间结果不占用空间，且易于实现。

堆的定义：由 n 个元素组成的顺序序列 $\{k_1, k_2, \cdots, k_n\}$ 当且仅当满足以下关系时，称之为堆。

若 $k_i \geqslant k_{2i}$ 且 $k_i \geqslant k_{2i+1}$，则称为大顶堆；若 $k_i \leqslant k_{2i}$ 且 $k_i \leqslant k_{2i+1}$，则称为小顶堆。其中 $i=1, 2, \cdots, n/2$。

将关键字序列对应的顺序存储结构（可理解为一维数组）看成是一个完全二叉树，则堆的定义表明，完全二叉树中所有非终端结点的值均不大于（或不小于）其左、右孩子结点的值。由此，若序列 $\{k_1, k_2, \cdots, k_n\}$ 是堆，则堆顶元素（完全二叉树的根）必为序列中 n 个元素的最小值（或最大值）。若堆顶元素为最小者，则该堆称为小顶堆；若堆顶元素为最大者，则该堆称为大顶堆。

例 8.7　堆的示例　例如，下列两个序列（11，35，27，84，44，31）和（91，74，66，48，48，18，22，35）为堆，对应的完全二叉树如图 8.7 所示。

那么，如何进行堆排序？

首先将堆顶的最大值与当前最后一个元素交换，这样最大者正好存储在正序序列的最终位置上。再将剩余 $n-1$ 个元素的序列重新调整成一个堆，则得到 $n-1$ 个元素中的最大值。如此反复执行，便能得到一个正序序列。这个过程称为堆排序。

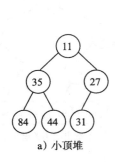

a) 小顶堆

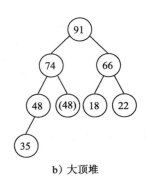

b) 大顶堆

图 8.7 堆的示例

因此，实现堆排序需要解决两个问题：（1）如何由一个无序序列建成一个堆？（2）如何在输出堆顶元素之后，调整剩余元素成为一个新的堆？

下面首先讨论第二个问题：如何在输出堆顶元素之后，调整剩余元素成为一个新的堆？

例 8.8 堆调整示例 图 8.8a 是一个大顶堆。假设输出堆顶元素之后，以堆中最后一个元素替代之，如图 8.8b 所示。此时根结点的左、右子树均为大顶堆，仅需对根结点关键字自上至下进行调整。首先将堆顶元素和其左、右子树根结点的值大者进行比较，由于左子树根结点的值大于右子树根结点的值且大于根结点的值，所以将 35 和 74 交换；由于 35 替代 74 之后破坏了左子树的"堆"，所以需进行和上述相同的调整，直至到达叶子结点。调整后的状态如图 8.8c 所示，此时堆顶为 $n-1$ 个元素中的最大值。重复上述过程，将堆顶元素 74 和堆中最后一个元素 22 交换且调整，得到如图 8.8d 所示的新的大顶堆。我们称这个自堆顶至叶子的调整过程为**"筛选"**。

接下来讨论第一个问题：如何由一个无序序列建成一个堆？

实际上，从一个无序序列建堆的过程也是一个反复"筛选"的过程。若将此序列看成一个完全二叉树，则每个叶子结点为根的子树可以认为是堆。最后一个非终端结点是第 $n/2$ 个元素，因此只需从第 $n/2$ 个元素开始至根结点进行"筛选"。

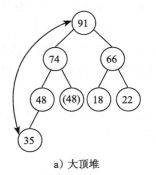

a) 大顶堆

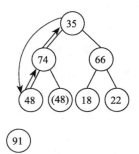

b) 91 和 35 交换之后的情形

图 8.8 堆调整示例

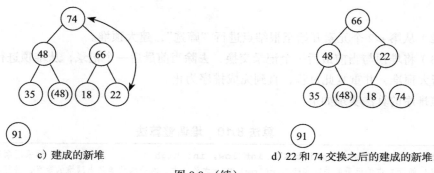

c) 建成的新堆　　　　　　　d) 22 和 74 交换之后的建成的新堆

图 8.8 （续）

例 8.9　建堆示例　图 8.9a 中的二叉树表示一个有 8 个元素的无序序列 {48，35，66，91，74，18，22，48}。则从第 4 个元素开始筛选，由于 91 无右子树并且大于左子树的值，所以筛选后的序列不变，如图 8.9b 所示。同理，在第 3 个元素 66 被筛选之后，序列也不发生改变，此时的状态如图 8.9b 所示。由于第 2 个元素 35 小于 74 和 91，所以要将 35 的位置和 91 交换，又由于交换后的 35 小于 48，所以继续将 35 的位置与 48 交换，筛选过程如图 8.9c 所示。图 8.9e 为筛选根元素 48 之后建成的堆。

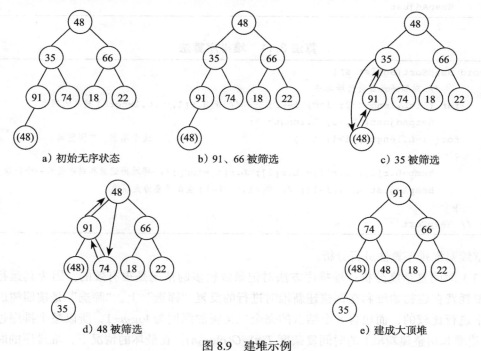

a) 初始无序状态　　　　b) 91、66 被筛选　　　　c) 35 被筛选

d) 48 被筛选　　　　　　　e) 建成大顶堆

图 8.9　建堆示例

综上，堆排序的算法思想如下：

（1）在顺序结构的 [low, high] 范围内，实现"筛选"算法。设 low 为根结点，其左、右子树均已是大顶堆，将根结点值与左、右子树的根结点大者进行比较：若较之更大或相等，则已是大顶堆；否则，将根结点值与大者交换，并继续向下比较，直到已是大顶堆

为止。

（2）从第 $n/2$ 个元素开始至根结点进行"筛选"，建大顶堆。

（3）将堆顶与当前最后一个记录交换，去除当前最后一个记录，从堆顶进行"筛选"，建立新大顶堆，并重复此过程，直到完成排序为止。

堆排序的算法实现如下。

算法 8.10   堆调整算法

```
void HeapAdjust( SqList &L, int low, int high )            // 堆采用顺序表存储表示
{// 假设 L 中的记录的关键字除 L.r[low].Key 之外, 左、右子树均满足大顶堆的定义, 进行堆的"筛选"
    temp = L.r[low];
    i = low;   j = 2*i;
    while( j<=high )
    {      // 向下"筛选"
        if ( j+1<=high && L.r[j].key< L.r[j+1].key)  j++; // 在左、右子树选大者
        if ( temp.key >= L.r[j].key )  break;             // 已是大顶堆
        L.r[i] = L.r[j];  i=j;  j=2*i; // 大者上移，并继续向下"筛选"
    }
    L.r[i] = temp; // 插入最终位置
} // HeapAdjust
```

算法 8.11   堆排序算法

```
void HeapSort(SqList &L)
{      // 对顺序表 H 进行堆排序
    for ( i=L.length/2; i>0; i-- )      // 把 H.r[1,…,L.length] 建成大顶堆
        HeapAdjust( L, i, L.length );
    for( i=L.length; i>1; i--)                       // 逐个输出，并调整堆
    {
        temp=L.r[1]; L.r[1]= L.r[i]; L.r[i]=temp;// 将堆顶记录和当前最后一个记录交换
        HeapAdjust(L, 1,i-1); // 将 [1,…,i-1] 重新调整为大顶堆
    }
} // HeapSort
```

继续对堆排序算法进行分析。

（1）时间复杂度分析：堆排序方法对记录数较多的情况是很有效的。因为其运行时间主要耗费在建初始堆和在调整建新堆时进行的反复"筛选"上。"筛选"是按照树的深度向下进行比较的，而包含 n 个结点的完全二叉树的深度为 $\log_2 n + 1$，所以整个排序过程（包括建堆和调整建新堆）的时间复杂度 $T(n)=O(n\log_2 n)$。在最坏的情况下，堆排序的时间复杂度也为 $O(n\log_2 n)$，相对于快速排序，这是堆排序的最大优点。

（2）空间复杂度分析：堆排序仅需一个辅助存储空间供交换使用，因此 $S(n) = O(1)$。

（3）稳定性分析：在堆排序过程（包括建堆和调整建新堆）中，会产生前后大距离记录交换，相同关键字的记录的次序可能被改变，因此该算法是不稳定的。

8.6　归并排序

归并排序（merging sort）是将两个或两个以上的有序序列组合成一个新的有序序列。它的实现方法简单，无论是采用顺序存储结构还是链表存储结构，都易于实现。

设初始序列含有 n 个记录，则可将其看成 n 个有序的子序列，每个子序列的长度为1。然后两两归并，得到 $n/2$ 个长度为 2（剩余的不变）的有序子序列，再两两归并。如此重复，直至得到一个长度为 n 的有序序列为止，这种排序方法称为 **2 路归并排序**。

例 8.10　2 路归并排序示例　以关键字序列 {48，35，66，91，74，18，22，48，57，03} 为例，2 路归并排序的过程如图 8.10 所示。

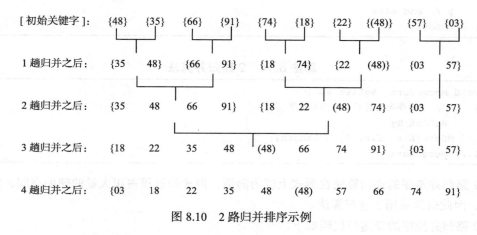

图 8.10　2 路归并排序示例

可见，2 路归并排序算法思想如下：

（1）将存储记录的一维数组 S 中前后相邻的两个有序序列，归并为一个有序序列 T。

（2）将原记录序列的每个记录看成长度为 1 的有序子序列，两两归并。如此重复，直到归并完成为止。

相应的 2 路归并排序的递归代码如下。

算法 8.12　2 路归并过程

```
void Merge( RecordType S[], RecordType &T[], int low, int mid, int high )
{    // 将有序的S[low,…,mid]和S[mid+1,…,high]归并为有序的T[low,…,high]
    i=low; j=mid+1; k=low;
    while ( i<=mid && j<=high )
    {    // 将S中的记录由小到大并入T
        if ( S[i].key<=S[j].key )  { T[k]=S[i]; i++; k++; }
        else { T[k]=S[j]; j++; k++; }
    }
    while( i<=mid )  { T[k]=S[i]; i++; k++; }  // 将剩余的S[i,…,mid]复制到T
    while( j<=high)  { T[k]=S[j]; j++; k++; }  // 将剩余的S[j,…,high]复制到T
} // Merge
```

算法 8.13 2 路归并的递归调用算法

```
void MSort( RecordType &S[],RecordType &T[], int low, int high )
{ // 将 S[low,…,high] 归并排序成为有序的
    if( low==high )   T[low]=S[low];
    else
    {
        mid = (low+high)/2;// 将 S[low,…,high] 平分为 S[low,…,mid] 和 S[mid+1,…,high]
        MSort( S,T,low,mid );// 递归将 S[low,…,mid] 归并为有序的 T[low,…,mid]
        MSort( S,T,mid+1,high );// 递归将 S[mid+1,…,high] 归并为有序的 T[mid+1,…,high]
        Merge( T, S, low, mid, high ); // 将 T[low,…,mid] 和 T[mid+1,…,high] 归并
到 S[low,…,high]
    } // end else
} // MSort
```

算法 8.14 2 路归并算法

```
void MergeSort( SqList &L )
{    // 对顺序表 L 进行 2 路归并排序
    SqList T;
    MSort(L.r, T.r, 1, L.length);
} // MergeSort
```

2 路归并排序的递归算法在形式上较为简洁，但递归过程占用大量的辅助空间，实用性差，因此通常采用非递归算法。

2 路归并排序的非递归代码如下。

算法 8.15 非递归 2 路归并过程

```
void Merge( SqList &L, int low, int mid, int high )
{    // 将两个有序表 L[low,…,mid] 和 L[mid+1,…,high] 归并为一个有序表 L[low,…,high]

    SqList T;
    i=low; j=mid+1;       k=0;
    while( i<=mid && j<=high)    // 将 L 中的记录由小到大并入 T
    {
        if( L.r[i].key<=L.r[j].key ) { T.r[k]=L.r[i]; i++; k++;   }
        else { T.r[k]=L.r[j]; j++; k++;   }
    }
    while( i<=mid ) { T.r[k]=L.r[i]; i++; k++; }  // 将剩余的 L[i,…,mid] 复制到 T
    while( j<=high ) { T.r[k]=L.r[j]; j++; k++; }  // 将剩余的 L[j,…,high] 复制到 T
    for( k=0,i=low; i<=high; k++,i++)      // 合并结果送回原空间
        L.r[i]=T.r[k];
}// Merge
```

算法 8.16 2 路归并的非递归调用算法

```
void MSort( SqList &L, int len )
{     // 实现一趟归并，将两两长度为 len 的子序列归并
```

```
        i = 1;
        while( i+2*len<=L.length )
        { // 归并长 len 的两个子序列
            Merge( L, i, i+len-1, i+2*len-1);
            i = i+2*len;
        } // end while
        if ( i+len<=L.length )
            Merge( L, i, i+len-1, L.length );     // 归并最后两个子序列
    } // MSort
```

算法 8.17　2 路归并非递归算法

```
void MergeSort(SqList &L)
{   // 对顺序表 L 作归并排序。
    for( len=1; len<=L.length; len=2*len )
        MSort(L,len);
} // MergeSort
```

综上，对 2 路归并排序算法进行分析。

（1）时间复杂度分析：整个归并排序需进行 $\log_2 n$ 趟归并，每一趟将两两子序列归并，所有记录都参与比较和移位，因此其时间复杂度 $T(n)=O(n\log_2 n)$。递归形式的算法在形式上较简洁，但实用性差。

（2）空间复杂度分析：实现归并排序需要与待排记录数量相同的辅助空间，因此 $S(n)=O(n)$。

（3）稳定性分析：由于归并排序是连续空间的移位，所以它是一种稳定的排序方法。

8.7　基数排序

前面介绍的排序算法都是基于关键字比较和移动记录这两种操作。**基数排序**（radix sort）是和前面所述的各类排序方法完全不同的一种排序方法，它不需要进行记录关键字间的比较。基数排序是一种借助多关键字排序的思想，将单关键字拆分成具有不同权重的"多关键字"，并对"多关键字"进行"分配"和"收集"，最终实现单关键字的排序的方法。

8.7.1　多关键字的排序

什么是多关键字排序？先看一个具体例子：每张扑克牌由多关键字，即花色和面值组成。假设"花色"的权重大于"面值"，其有序关系为：花色 ♦<♣<♥< ♠，面值 2<3<…<K<A。

由此可得扑克牌中 52 张牌面的次序关系为：♦2<♦3<…<♦A<…< ♠ 2<♠ 3<…<♠ A。

将无序的扑克牌整理成按照上述次序排列时，通常采用的方法有 2 种：

（1）先将 52 张牌按不同花色"分配"成 4 堆，使每一堆的牌均具有相同的花色，然后按面值分别将每一堆按从小到大的顺序整理成有序，再将这 4 堆"收集"在一起。

（2）先将 52 张牌按不同面值"分配"成 13 堆，然后将这 13 堆牌自小至大"收集"在一起，再将 52 张牌按不同花色"分配"成 4 堆，最后将这 4 堆"收集"在一起。

以上就是两种多关键字的排序方法。一般情况下，假设每个记录 R_i 中含有 d 个关键字（ $K_i^1, K_i^2, \cdots, K_i^d$ ），且权重 $K_i^1 > K_i^2 > \cdots > K_i^d$ ，其中 K_i^1 称为最主位关键字， K_i^d 称为最次位关键字。为实现多关键字排序，通常有 2 种方法：

（1）先对最主位关键字进行排序，将序列分成若干子序列，然后分别就每个子序列的其次的关键字进行排序，再分成若干更小的子序列，以此重复，直至对最次位关键字进行排序之后得到最小的子序列，最后将所有子序列依次连接在一起成为一个有序序列。这种方法称为最高位优先（Most Significant Digit first）法，简称 MSD 法。

（2）先从最次位关键字开始排序，"收集"后再对高一位的关键字进行排序，以此重复，直至对最主位关键字进行排序后，"收集"成为一个有序序列。这种方法称为最低位优先（Least Significant Digit first）法，简称 LSD 法。

这两种排序方法的不同是：若按 MSD 进行排序，则必须将序列逐层分割成若干子序列，然后对各子序列分别进行排序；若按 LSD 进行排序，则不必分成子序列，而是将每次用于排序的关键字作为整体参加排序。

8.7.2 基数排序的实现

基数排序是借助"分配"和"收集"两种操作对单逻辑关键字进行排序的一种内部排序方法。

例如，若记录关键字是数值，其值都在 $0 \leqslant K \leqslant 999$ 的范围内，则可把记录关键字拆分成由位数（百位、十位、个位）组成的多关键字。由于每个位数取值范围小（ $0 \sim 9$ ），所以按 LSD 进行排序更为方便：只需要从最低数位关键字起，按关键字的不同值将序列中的记录"分配"到 10 个队列中后再"收集"之，如此重复 3 次。以这种方法实现的排序就称为基数排序，其中"基"指的是每个位数的取值范围，如果对应于数字和字母，则它们的"基"分别为"10"和"26"。

例 8.11　基数排序示例　以关键字序列 { 126，335，408，224，65，300，6，35，620，65} 为例，基数排序的过程如图 8.11 所示。

基数排序算法思想如下（设记录关键字是数值，取值范围 $0 \leqslant \text{key} \leqslant 999$ ）：

（1）将记录按个位的数值，对应"分配"到编号为 $0 \sim 9$ 的 10 个队列中；

（2）按编号为 $0 \sim 9$ 的次序"收集"10 个队列记录；

（3）按十位、百位重复上述过程，完成排序。

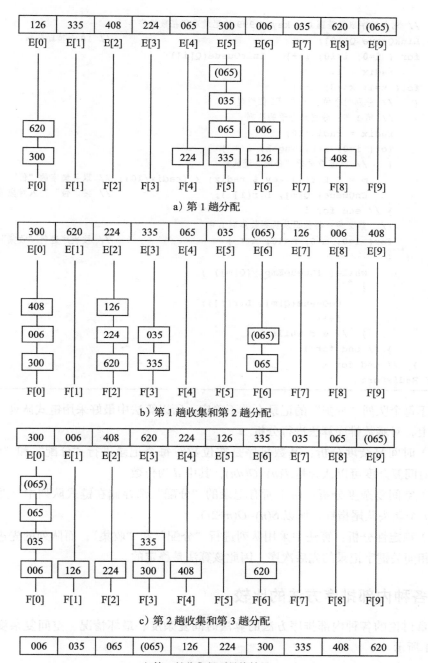

a) 第 1 趟分配

b) 第 1 趟收集和第 2 趟分配

c) 第 2 趟收集和第 3 趟分配

| 006 | 035 | 065 | (065) | 126 | 224 | 300 | 335 | 408 | 620 |

d) 第 3 趟收集得到最终结果

图 8.11　基数排序示例

相应的基数排序的算法实现如下。

算法 8.18　基数排序算法

```
void RadixSort( SqList &L )
```

```
{   // 对关键字取值范围 0 ≤ key ≤ 999 的记录进行基数排序
    LinkQueue Q[10];                                    // 10 个辅助队列
    for ( i=0; i<10; i++)    InitQueue(Q[i]);
        radix = 1;
    for( k=1; k<=3; k++)
    {   // 分别对个位、十位、百位处理
        // 第 1 步：分配到合适的队列
        radix = radix*10;
        for( i=0; i<L.length; i++ )
        {   // 按基数进行"分配"进队列
            m = ( L.r[i].key % radix) / (radix/10); // 取关键字的"位"
            EnQueue( Q[m], L.r[i] );                     // 按"位"进入对应的队列
        } // end for i
        //   第 2 步：将数据从队列收集到 L 中
        for( i=0, m=0; m<10; m++ )                       // 按次序进行"收集"队列
        {
            while( !QueueEmpty(Q[m]) )
            {
                DeQueue(Q[m], L.r[i]);
                i++;
            }  // end while
        } // end for i
    }  // end for k
}// RadixSort
```

由于每个队列"分配"的记录个数不确定，所以算法中最好采用链式队列。

综上，对基数排序算法进行分析。

（1）时间复杂度分析：基数排序是按位数对每个记录进行"分配"和"收集"的，所以其时间复杂度可以认为是 $T(n)=O(dn)$，其中 d 为位数。

（2）空间复杂度分析：由于所有记录的"分配"都存储在链式队列中，并且每次都用到了 r 个队头队尾指针，所以 $S(n)=O(n+2r)$。

（3）稳定性分析：算法中采用队列进行"分配"和"收集"，而队列的先进先出特性保持了相同关键字记录的先后次序，因此该算法是稳定的。

8.8 各种内部排序方法的比较

本章讨论的各种内部排序方法的算法时间复杂度、最坏情况、空间复杂度和稳定性如表 8.1 所示。

通过比较分析，可以发现：

（1）从平均时间性能而言，快速排序最佳，其所需时间最少，但快速排序在最坏情况下的时间性能不如堆排序和归并排序。而后两者相比较的结果是，在 n 较大时，归并排序效率比堆排序高，但它所需的辅助存储量最多。

（2）表 8.1 中的"简单排序"包括直接插入排序、冒泡排序和简单选择排序。其中直接插入排序最简单，当序列中的记录"基本有序"或 n 值较小时，它是最佳的排序方法，

因此常将它和其他的排序方法，如快速排序、归并排序等结合在一起。

表 8.1　内部排序方法的比较

排序方法	时间复杂度	最坏情况	空间复杂度	稳定性
直接插入排序	$O(n^2)$	$O(n^2)$	$O(1)$	稳定
希尔排序	$O(n^{1.5})$	$O(n^{1.5})$	$O(1)$	不稳定
冒泡排序	$O(n^2)$	$O(n^2)$	$O(1)$	稳定
快速排序	$O(n\log_2 n)$	$O(n^2)$	$O(\log_2 n)$	不稳定
简单选择排序	$O(n^2)$	$O(n^2)$	$O(1)$	不稳定
堆排序	$O(n\log_2 n)$	$O(n\log_2 n)$	$O(1)$	不稳定
归并排序	$O(n\log_2 n)$	$O(n\log_2 n)$	$O(n)$	稳定
基数排序	$O(dn)$	$O(dn)$	$O(n+2r)$	稳定

（3）基数排序的时间复杂度是 $O(dn)$。它适用于 n 值很大而关键字较小的序列。若关键字也很大，而序列中大多数记录的"最高位关键字"均不同，则亦可先按"最高位关键字"将序列分成若干"小"的子序列，而后进行直接插入排序。

（4）从方法的稳定性来看，直接插入排序、冒泡排序是稳定的，简单选择排序不稳定。快速排序、堆排序和希尔排序等时间性能较好的排序方法都是不稳定的。归并排序、基数排序是稳定的。

8.9　小结

本章主要讨论了内部排序的五种方法：插入排序、交换排序、选择排序、归并排序和基数排序。针对每种方法都首先给出了一个具体的案例，然后讨论了算法思想、算法实现代码，并针对各算法进行了时间复杂度、空间复杂度和排序稳定性的分析，同时指出了可能的改进策略。

在针对插入排序、交换排序和选择排序的讨论中，先给出了经典的简单方法，其算法复杂度为 $O(n^2)$；然后针对可能的优化策略，讨论了改进的方法，将算法复杂度降到了 $O(n^{1.5})$ 或 $O(n\log n)$。特别地，根据关键字本身的特性，将基数排序算法的时间复杂度降到了 $O(dn)$。

8.10　练习

1. 编写函数，在基于单链表表示的待排序关键字序列上进行简单选择排序。

2. 如果只想在一个有 n 个元素的任意序列中，获得其中最小的 k（$k<n$）个元素的部分排序序列，那么最好采用什么排序方法？为什么？

3. 设顺序结构线性表的元素值 $K_1, K_2, \cdots, K_n$ 为考试成绩（整数 $0 \sim 100$），设计一个算法，将所有不及格（小于 60）的成绩放置在所有及格的成绩之前。要求 $T(n)=O(n)$，$S(n)=O(1)$。

4. 设有一个由一批需实时处理的数据元素组成的集合 S，实时处理开始后，每隔 0.1 秒收到一个新的数据元素加入 S。现要求在每次接收一个新元素之前，找出 S 中现有的最小元素并将其输出（从 S 中删除）。试选择或构造一种适当的数据结构并设计一个算法，尽可能高效地完成上述任务。例如：$S=(56, 30, 29, 18, 72, 26, 48, 12, 60, 36)$，新接受的数据为 $32,46,16,\cdots$。以此为例说明算法执行过程，并画出示意图。

5. 设有 n 个整数，存储在数组（int $a[1,\cdots,n]$）中，并已构成小顶堆。编写函数，用整数 e 替换数组中第 i 个元素，并调整数组，使其还是小顶堆。